需求导向的 高校类项目建设研究

——以高校学生宿舍为例

主　编｜柴恩海　唐建伟　涂国平　刘启友
副主编｜高　辉　王　鑫　张　韬　安　全　黄　莉　余静静

XUQIU DAOXIANG DE
GAOXIAOLEI XIANGMU JIANSHE YANJIU
——YI GAOXIAO XUESHENG SUSHE WEILI

中南大学出版社
www.csupress.com.cn
·长沙·

编 写 组

主　编

柴恩海　唐建伟　涂国平　刘启友

副主编

高　辉　王　鑫　张　韬　安　全　黄　莉　余静静

编　委

赖伟杰　吕晓欢　杨　侃

刘　颖　陈家杰　池勤建

曾锦煌　张加欣　沈晓春

欧阳崧　梁文婷　陈　晨

陈仕钦　李文琦　罗建铭

编写单位

深圳市住宅工程管理站

浙江五洲工程项目管理有限公司

前 言

Preface

20世纪90年代至今，世界进入知识经济时代，随着社会经济的高速发展和人文理念的深度传播，高等教育的重要性、普及性越发提升，各高校招生需求不断增加，尤其是高校大幅扩招以来，为解决基础设施缺乏的问题，很多高校在扩招之后大规模扩建，催生了新一轮的高校建设浪潮。然而，跨越式的发展也带来了种种问题，主要表现为建设标准不高与使用需求更新快、建设量激增与建设投资不足、使用需求不明确与建设管控难三个方面的矛盾，如何把握矛盾关系，平衡各方诉求，是高校类工程建设管控的核心。

为了保障高校不断增长的教学、科研、生活等需求，提高基本建设的成效，我们决定开展高校类项目建设管理研究。本书是深圳市住宅工程管理站和浙江五洲工程项目管理有限公司共同组成的高校类项目建设需求研究课题组的研究成果。

高校学生宿舍作为高校类建设工程的重要组成部分，由于其社会关注度高，涉及利益相关方多，且高校学生宿舍的主要使用群体是学生，相较于其他使用者，学生群体的行为活动和心理特征使得学生宿舍具有一定的特殊性。本书集中围绕高校学生宿舍进行调研，同时也是高校类项目建设管理研究的初步成果。作为高校类项目建设管理研究系列课题的"起点"，在调研过程中，课题组通过实地走访、访谈与问卷调查等方式进行了不同视角、多个维度的调研，深入了解了高校项目全生命周期不同人群的需求，包括学生的使用需求，校方与物管单位的管理运维需求，参建各方如建设单位、设计单位、施工单位的建设需求等。并在后续的研究过程中引入了需求工程理论，结合问卷调查数据分析，提出了相应建议，旨在提升使用者的满意度、强化项目建设事前控制管理，期望可以为后续同类项目建设提供借鉴及参考依据。

本书主要论述了高校学生宿舍的使用现状、使用需求分析和基于需求导向的高校学生宿舍建设对策。第 1 章介绍了高校宿舍项目的研究背景、基本概念与理论、研究内容等。第 2 章阐述了国内外高校学生宿舍的发展历程。第 3 章以现状调研为基础，论述了各高校宿舍现状和存在的问题，并根据调查问卷数据进行了满意度评价分析。第 4 章基于现状调研中存在的问题，结合建筑设计理论，分析了高校学生宿舍的使用需求。第 5 章提出了需求导向的高校学生宿舍建设对策。第 6 章论述了结论和展望。

坚持创新、协调、绿色、开放、共享的发展理念，按照适用、经济、安全、绿色、美观的要求，着力推进工程投资决策、工程建设、运行维护全生命周期管理体制机制的改革创新，全面对标全球最高标准，建设一流工程——这是所有工程管理人员的努力目标和共同愿景。后期课题组将对教学楼、实验室、校园总体规划布局开展课题研究；如条件允许，还将进一步扩大至医疗类、民政福利类、文体办公类等领域，本书将成为课题组政府工程建设管理系列丛书的起点与开端。

调研工作得到了各高校老师、学生和相关工作人员的支持和帮助。本书的编写得到了深圳建筑工务署、深圳市住宅工程管理站、浙江五洲工程项目管理有限公司相关专家、领导和同事的指导和帮助，在此，表示衷心感谢。

本书面向的读者为相关行业工程管理人员、从业者，以及相关学术领域的研究人员。

由于笔者水平有限，本书难免有不完善之处，恳切希望广大读者批评指正。

高校类项目建设需求研究课题组

2020 年 10 月

目 录

Contents

第1章

绪 论

1.1 研究背景

1.1.1 高校扩招使得学生数量迅速增多

　　教育是立国之本，大学是国之重器。在中华人民共和国成立后的很长一段时间里，中国的高等教育一直都是精英教育。1993年，国务院发布《中国教育改革和发展纲要》（国发〔1994〕39号）提出废除大学毕业分配工作制度。1998年11月，经济学家汤敏以个人名义向党中央提交了一份建议书《关于启动中国经济有效途径——扩大招生量一倍》，建议党中央扩大招生数量。他在建议书中罗列了5点扩招的理由：①当时中国大学生数量远低于同等发展水平的国家；②企业改革带来的大量下岗工人如果进入就业市场与年轻人竞争会出现恶性局面；③国家提出经济增长8%的目标，教育被认为是老百姓最大的需求，扩招可以拉动内需，激励经济增长；④高校有能力接纳扩招的学生，当时平均一个教师仅带7个学生；⑤高等教育的普及事关中华民族振兴。建议被中央采纳之后，中央很快制定了以"拉动内需、刺激消费、促进经济增长、缓解就业压力"为目标的扩招计划。同年，教育部制定并出台《面向21世纪教育振兴行动计划》，提出："全面推进教育的改革和发展""高等教育规模有较大扩展""我国高等教育入学率由1999年的9%提高到2010年的15%"等，使我国高等教育由精英教育向大众化教育转变。随后，高等教育（包括大学本科、研究生）不断扩大招生人数。进入 2008 年后，教育部表示 1999 年开始的扩招过于急躁并逐渐控制扩招比例，但在 2007—2009 年环球金融危机的背景下，教育部开始了研究生招生比例的调节。2012 年 4 月，教育部发布《全面提高高等教育质量的若干意见》，明确提出今后公办普通高校本科招生规模将保持相对稳定。

据教育部发布的《2018 年全国教育事业发展统计公报》显示，截至 2018 年底，全国各类高等教育在学总人数达到 3833 万人，高等教育毛入学率达到 48.1%。2018 年全国共有普通高等学校 2663 所（含独立学院 265 所），比 2017 年增加 32 所，增长 1.22%。其中，本科院校 1245 所，比上年增加 2 所；高职（专科）院校 1418 所，比上年增加 30 所。全国共有成人高等学校 277 所，比上年减少 5 所；研究生培养机构 815 个，其中，普通高校 580 个，科研机构 235 个。普通高等学校校均在学人数 10605 人，其中，本科院校 14896 人，高职（专科）院校 6837 人。如图 1-1 所示，从 1949—2018 年，高校数量从 1949 年的 205 所发展到 2018 年的 2663 所，在学人数从 11.7 万人发展到 3833 万人，毛入学率由 0.26% 发展到 48.1%。2019 年 3 月李克强总理在政府工作报告中提出高职院校扩招 100 万人，5 月教育部举行了新闻发布会介绍《高职扩招专项工作实施方案》以及落实高职扩招工作。

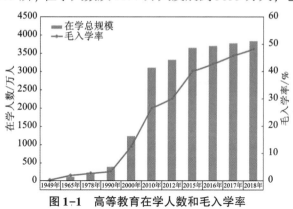

图 1-1 高等教育在学人数和毛入学率

表 1-1 为教育部网站发布的我国高校 2009—2018 年在学人数统计。近十年间，研究生在学人数增长了近一倍，普通本专科在学人数增长 32%。

表 1-1 我国高校（2009—2018 年）在学人数统计表

人数/万人 \ 年份	2009	2010	2011	2012	2013	2014	2015	2016	2017	2018
研究生	140	154	165	172	179	185	191	198	264	273
普通本专科	2145	2232	2309	2391	2468	2548	2625	2696	2754	2831

1.1.2 学生数量增加使校园建设迅速发展

中华人民共和国成立之后的十年间，我国高校建设有较大发展。当时的校园建设大都效仿苏联的模式，学生宿舍和周围的服务设施由学校统一提供，形成一个大的生活区，并与教学区组成了一个相对封闭的校园空间。1977 年，各地高校开始恢复并且大量招生，为了满足需要，高校新建了一大批的学生宿舍。但是这阶段的高校学生宿舍仅仅是满足休息的需要，一个房间设置 6~8 个床位，配备简单的家具，卫生间一般独立于寝室外，如图 1-2 所示。这个时期的宿舍在外形和生活服务设施上有所改善，高度通常为一层，中间为走道，寝室分布在两边，卫生间和盥洗室布置在两侧尽端。

(a)学生宿舍内部

(b)学生宿舍外观

图 1-2 早期高校学生宿舍

自 1999 年高校扩招政策实施以来，高等教育开始转向大众化，高校发展进入了"改、扩、并、转"的阶段，高校数量飞速增长；同时，高校每年扩招的人数大幅度增加，使得在学人数的总量也逐年递增。高等教育规模的快速扩张，使得高校的教学软硬件设施、教学质量、用地面积等都面临着巨大挑战。为了保证教学资源的有效配给，高校需要积极做出响应，增加校园建设、更新教学设施等。因此，自 20 世纪 90 年代以来，我国的大学校园建设出现了史无前例的跨越式发展。

1.1.3　社会经济进步促进校园建设需求变革

校园作为高校学生的重要学习生活场所，是高等教育实施与教育质量实现的物质保障。随着高校的不断扩招，高校校园建设及规划设计研究得到快速发展。经过几十年的发展，高校校园整体环境较之前大有改善。各高校根据自身学校的实际情况、专业特点以及社会需求，开展了各具特色的校园建设，形成了各具特色的校园环境与居住环境。21 世纪之后，随着社会的发展，人们对生活品质的要求不断提高，校园建设的重点从注重外部形式转变为提升建筑内部品质与校园整体环境品质。同时，环境满意度也逐渐成为各高校吸引力指数的考量标准之一。

1.1.4　宿舍是高校建设需求变革的重要部分

《宿舍建筑设计规范》(JGJ 36—2016)(以下简称《规范》)对宿舍的定义为："有集中管理且供单身人士使用的居住建筑。"这一定义是广义上对宿舍的理解。《建筑大辞典》[1]对宿舍的定义为："供个人或集体日常居住使用的建筑物，由成组的居室和厕所洗浴室或卫生间组成，并设有公共活动室、管理室和晾晒空间。宿舍应接近生活服务设施，如食堂、开水房、浴室等布置，注意考虑自行车存放处，多数居室应有良好的朝向和通风条件，避免厕所、洗浴室及公共房间对居室的干扰，并满足防火疏散的要求"。这一定义较为详细地描述了宿舍的具体需求以及相关布置。《现代汉语词典》[2]对宿舍的定义为："学校提供给学生居住的房屋"。

为应对学生数量的迅速增加以及学生的生活需求，不断扩大学生宿舍建设数量成为必然。高校学生宿舍(公寓)，指的是各高校通过筹集资金统一规划建设的用来满足高校学生在校学习生活的空间。从宿舍定义上来讲，高校学生宿舍最主要的特征在于其使用人群界定为高校学生。目前习惯将 20 世纪 90 年代后期修建的配套设施较好，采用公寓化管理的宿舍称为学生公寓，以与前期的宿舍相区别。

近年来，我国开始重视并加大对学生公寓建设方面的投入。2001 年教育部印发《关于大学生公寓建设标准问题的若干意见》(教发〔2001〕12 号)，提出"四二一"的建设标准，即本科生公寓 4 人间，硕士生公寓 2 人间，博士生公寓一人间的建设目标。2005 年，《宿舍建筑设计规范》(JGJ 36—2005)发布，将学生公寓的建设标准提高，并对学生公寓的各项指标进行了明确的规定，尤其是将原来的公共卫生间变为每间寝室都配有卫生间。2018 年，《普通高等学校建筑面积指标》(建标〔2018〕32 号)发布，第十二条规定普通高等学校校舍项目主要由学校必须配置的校舍项目、根据需要选择配置的校舍项目和国家规定建设的民防工程等三类校舍构成，其中，校舍项目必须配置教室、实验实习实训用房及场所、图书馆、室内体育用房、校行政办公用房、院系及教师办公用房、师生活动用房、会堂、学生宿舍(公寓)、食堂、单身教师宿舍(公寓)、后勤及附属用房共十二项。表 1-2、表 1-3 为教育部统计的 2013—2018 年全国普通高校校舍面积、广东地区普通高校校舍面积统计情况。

表 1-2　2013—2018 年全国普通高校校舍面积统计情况

年份 面积/km²	2013	2014	2015	2016	2017	2018
危房	1.24	1.25	1.40	1.33	1.36	1.37
当年新增校舍	29.08	27.22	27.84	25.70	24.70	21.37
正在施工校舍	55.54	58.98	59.17	60.58	60.69	65.87
总计	768.81	788.19	813.14	840.18	863.69	877.66

注：不含民办高等教育机构数据。

表 1-3 2013—2018 年广东地区普通高校校舍面积统计情况

面积/km²　　年份	2013	2014	2015	2016	2017	2018
危房	0.01	0.03	0.03	0.02	0.02	0.02
当年新增校舍	0.77	1.12	0.58	1.22	1.84	0.49
正在施工校舍	1.78	2.30	2.29	2.14	1.58	4.48
总计	38.12	39.40	39.76	41.89	43.99	43.69

注：不含民办高等教育机构数据。

我国高校学生宿舍经过几十年的发展，其功能与宿舍的人数、面积以及相关设施、设备都发生了转变。如人数方面，从原来的 8 人间、6 人间发展到现在的 4 人间、单人间；内部空间方面，宿舍内配置了独立卫生间代替原有的集中式卫生间，家具和设备也丰富了许多，形成了上面床铺、下面书桌、侧面书柜的基本宿舍配置；活动空间方面，宿舍楼内也增加了满足学生更多生活需求的多功能活动室；外部空间方面，部分学生宿舍采用庭院式布局结合景观设计，增设了一定数量的活动场地和活动设施；管理方面，采用了安全性更强的自动刷卡门禁。

高校学生宿舍是满足学生衣、食、住、行的重要的场所。所以在空间营造方面，既要满足学生良好、舒适的生理环境的需求，也要满足学生们精神交流的需求。高校学生宿舍充分体现了"以人为本"的需求变革给宿舍的方方面面所带来的改变。高校学生宿舍已成为学生自由交流、学习、进行集体活动的场所，而不仅是局限于狭义的"住"。

1.2 基本概念与理论

1.2.1 基本概念

1. 评价

评价是判断某事物的价值、正确性、可行性及可取性的过程。由评价主体对评价客体依据评估度量尺度，按照评价方法进行分析、研究、比较、判断和预测其效果、价值、趋势或发展等的评估活动。评估是人们认识、把握事物或活动的价值或规律的行为。

从哲学上看，评价与价值的关系密切，评价是主体对客体的价值的判断[3]，它本质上是一种人掌握世界的意义的观念活动，是对特殊对象的特殊反映[4]。国内学界认为[4]，评价有以下几个方面的特点：①主观性。它是主体对价值事实的主观反应。②评价反映的内容并不是客体本身，而是客体对主体的意义和主体的价值需求。评价有主体性特征。③评价要借助于一定的评价标准或规范，它们反映了主体需要。④评价结果不仅有描述意义和认知意义，而更主要的是其对价值的性质、大小、变化及可能性的规定性意义，它服务于主体的时下选择和行为方向。所以，评价是主体对客体与主体需要间的价值关系的主观判断。

(1)建成环境评价

建成环境评价是指对所设计的场所在支持和满足人的外在或内在需要及价值方面的程度判断。它根植于环境使用者对环境价值的评判，属于 20 世纪 60 年代以来在西方形成和发展起来的有关建筑环境设计和管理方面的一个新型交叉学科。其应用范围广泛，可概括为建筑设计前期评价和建筑使用后评价(post occupancy evaluation，POE)两个方面，具体涉及从景观、城市、建筑单体到室内空间环境的各个层次。

Preiser[5]最早提出了 POE 的概念，认为 POE 是一个度的评价，即建成后环境如何支持和满足人们明确表达或暗含的需求。随后，Preiser[6]将 POE 的定义更加具体化为：建成的建筑物及其环境在投入一段时间的使用之后，采用相关系统方法对建筑进行较为严谨的评价过程。POE 关注建筑使用者的需求、建筑的设计成败和建成后建筑的性能，并认为这些所有反馈都会为将来的建筑设计提供依据和基础。吴硕贤等认为[7]POE 是指建筑物建成若干时间后，以一种规范化、系统化的方式，收集使用者对环境的评价数据信息，通过科学的分析，了解他们对目标环境的评判；通过与原初设计目标做比较，全面鉴定设计环境在多大程度上满足了使用群体的需求；通过可靠信息的汇总，对以后同类建设提供科学的参考，以便最大限度地提高设计的综合效益和质量。

(2)满意度评价

满意是一种心理状态，是指主体对一段关系质量的主观评价。它是客户需求被满足后的愉悦感，是客户对产品或服务的事前期望与实际使用产品或服务后所得到实际感受的相对关系[8]。如果用数值来衡量这种心理状态,那么这个数值就叫作满意度。满意度是通过评价分值的加权计算来衡量满意程度(深度)的一种指数概念。国际上通用的测评标准即为 CSI(用户满意度指数)。

2. 需求

需求是指由需要而产生的要求。需求是一种陈述,可被追踪和管理,因此产生了需求分析。需求分析也称为需求分析工程,是开发人员经过深入细致的调研和分析,准确地理解用户和项目的功能、性能、可靠性等具体要求,将用户非形式的需求表述转化为完整的需求定义,进而确定系统必须做什么的过程。针对建筑产品而言,使用者是建筑产品的用户,建筑的使用需求可以理解为使用者对建筑产品提出的各种要求,它反映了使用者对建筑产品的期望。

1.2.2　基本理论

1. 住居学理论

住居学理论最早来源于日本,第二次世界大战以后,日本国内的建筑由于战争的影响受到了巨大的破坏,战后进行着庞大的重建工程。在此期间外来文化进入日本,日本的居住方式发生了很大的改变,住居学的研究由此开始[9]。住居学主要是研究人在居住生活中所出现的问题,它与建筑学不同,建筑学的研究主要从建筑师的角度出发,重点放在建筑的造型使用功能上,而住居学从居住者的角度出发研究居住者的生活习惯,更加注重空间的实用性。因此,住居学的理论研究更贴近居住者的需求,住居学理论通常与需求理论紧密联系。

2. 需求理论

马斯洛理论[10](需求理论)把需求分为生理需求、安全需求、爱和归属感需求、尊重需求和自我实现需求五个类别,层次由低向高依次排列,如图 1-3 所示。

(1)生理需求

生理需求包括食物、睡眠、生理平衡、呼吸、水、性、分泌。通俗地讲就是我们所说的衣、食、住、行。生理需求是维持人类行为的首要驱动力,只有当生理需求得到满足的时候,其他的需求才能成为新的激励因素。目前我国已经步入小康社会,人们的温饱问题已经得到了解决,所以现在生理需求已经不再成为其他需求的首要激励因素。

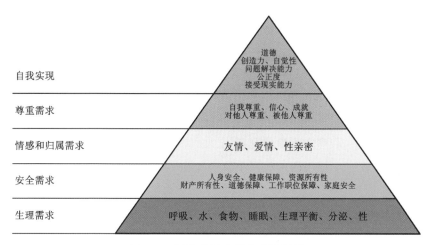

图1-3 马斯洛需求层次理论模型

（2）安全需求

安全需求包括个人安全、财产资源安全、家庭安全、道德保障、健康保障、工作生活保障。马斯洛理论认为，人作为自然界的一种有机体，存在着一种自发追求安全的机制，所有器官、能量都作为追求安全的工具。

（3）爱和归属感需求

爱和归属感需求也被称为社交需求，包括友情、爱情、性亲密。马斯洛理论认为，人们在生活中都会希望受到他人的关爱。相对于生理方面，在感情上的需求更加的细致，它由每个人的教育背景、生活经历、宗教信仰决定。

（4）尊重需求

尊重需求包括自我尊重、对他人尊重、被他人尊重、自信、自身所获得的成就。尊重也包含内部和外部两个方面：内部尊重指的是人的自尊，认为自己有信心、有能力去解决问题；外部尊重指的是人的威信，是让别人对自己充满信心。马斯洛理论认为，只有尊重需求得到满足，才能体现出自己对社会的价值。

（5）自我实现需求

自我实现的需求包括品德、创新意识、自控力、分析解决问题的能力、公平性、自我调节能力，它是所有需求中最高的需求，是指在自己的能力范围内更大限度地做好每一件事，并不断地提升自己。马斯洛理论提出，每个人在自我实现方面的需求取决于个人的意识。自我实现的需求需要激发自己的潜能，使自己实现更大的目标。

3.行为心理理论

行为心理学起源于20世纪初美国的一个心理学流派，创建人为美国心理学家约翰·华生。传统学派一致认为人的意识是心理学最核心的研究课题，而在行为心理学中，人类存在的行为和活动才是心理学真正的研究课题[11]。行为心理主义认为：心理学不能研究意识，而应该和其他自然科学处于同样的地位——研究看得见、摸得着的客观事物，也就是行为。所谓行为就是有机体用以适应环境变化的各种身体反应的组合，这些反应有的表现在身体外部，有的隐藏在身体内部，强度或大或小。

行为心理主义基本理论如下所述：

(1)经典的条件作用理论

经典的条件作用又叫作应答条件作用或巴甫洛夫条件作用，是以无条件反射为基础而形成的。一个中性刺激通过与无条件刺激的配对，最后能引起原本只有无条件的刺激才能引起的反应，这就是初级条件反射的形成。在初级条件反射的基础上又可以引入一个新的中性刺激建立次级条件反射。由于人具有概念和词语能力，可以用概念和语词替代任何具体的刺激物，所以人能够以语词建立极其复杂的条件反射系统。

(2)操作性条件作用理论

操作性条件作用又叫作工具性条件作用，其关键之处是有机体(动物或人)做出一个特定的行为反应之后导致环境发生了某种变化，即发生了一个由有机体引起的事件。这个事件会对有机体继后的反应产生影响，如果事件具有积极价值，有机体会倾向于做出同样的行为，如果事件具有消极价值，有机体则会抑制该行为。通过这种学习过程，有机体"知道"了行为与后效的关系，并能根据行为后效来调节自身行为。

(3)社会学习理论

社会学习理论提出了另一种学习形式，称为观察学习或模仿学习。观察学习理论并不排斥条件作用理论，它在解释观察学习的条件时，仍然承认条件作用带来的强化效果。但观察学习理论不把强化看作学习的充分必要条件，换而言之，有强化会促进模仿学习；没有强化，学习也能发生。

1.3 国内外研究现状

1.3.1 大学校园规划设计研究

西方国家在校园规划建设方面进行了大量的研究和实践, 积累了丰富的经验和有价值的理论。美国的校园规划之父理查德·道贝尔(Richard P. Dober) 在 1963 年发表的 *Campus Planning* 中总结了第二次世界大战以后到 20 世纪 60 年代美国大学校园规划和建设经验, 指出校园规划不是蓝图规划, 而是过程规划。并且在 *Campus Architecture*、*Campus Design* 以及 *Campus Landscape* 这三本著作中, 对校园建筑和校园景观的类型、设计要素、营造方式做了进一步的详细分析, 这些经验和理论对于校园规划和建设的发展具有重大意义。此外, 查尔斯·莫尔(Charles W. Moore) 的著作 *Campus & Community* 从城镇化发展的角度分析了校园场所人群的使用情况, 包括人流的连续性、场所的参与性等, 丰富了校园发展的理论研究。克莱尔·库珀·马库斯的著作 *People Places—Design Guidelines for Urban Open Space* 也强调了校园开放空间系统的场所参与性, 指出开放空间不仅是满足交通功能的空间, 同时也是学生能够停留交往进行其他活动的空间。这对美国大学的校园空间形态的研究具有重大意义。C·亚历山大在 *The Oregon Experiment* 一书中结合俄勒冈大学总体规划, 倡导使用者的积极参与和分片式发展、以及使用中的诊断和自我协调。

过去 20 年是我国大学校园的大发展时期, 建成了许多新校区并投入使用, 在此期间积累了丰富的大学校园规划研究成果, 不仅出现了校园规划研究的学术中心——清华大学、华南理工大学建筑学院等, 还定期举办关于校园规划的重要会议——教育建筑可持续设计学术研讨会, 积累了大量校园规划设计相关的研究成果, 为我国的校园规划建设提供了丰富的理论经验。宋泽方和周逸湖的著作《高等学校建筑规划与环境设计》是我国第一本大学校园规划方面的著作, 该书针对学生的行为模式、活动特点和空间特征等进行了研究, 总结出校园空间、道路和绿化规划的模式。在这本书的基础上, 宋泽方和周逸明又完成《大学校园规划与建筑设计》一书, 该书对校园规划和建筑设计方面做了更深入的分析和研究。齐康院士在对校园规划和建筑设计研究的基础上完成了《大学校园群体》一书。何镜堂院士在《当代大学校园规划理论与设计实践》中, 从功能、交通、景观三方面提出了提出大学校园规划形态和设计原则，并在《当前高校规划建设的几个发展趋向》中结合办学模式总结了校园规划建设在人文、生态、社会、开放化方面的发展趋势；王建国在《从城市设计角度看大学校园规划》中探讨了校园的物质空间规划的内容；王伯伟《校园环境的形态与感染力——知识经济时代大学校园规划》论述了知识经济时代大学校园规划的理念；吴正旺的《大学校园规划 100 年》梳理了我国大学校园百年来的建设历史。涂慧君在其博士论文中参考城市设计的手法，从规划、景观、建筑建立全面的大学校园整体设计模式；王石对港深两地的大学校园规划设计进行对比，从校园生长模式、建筑形态、交通系统总结了两地校园规划上的异同。总而言之，关于大学校园的研究方向大体包括校园规划设计方法、建筑设计、校园规划发展历史、公共空间、交往空间、校园交通、校园与城市的关系、校园评价、校园内单个功能区规划设计几个方面。

1.3.2 校园建成环境评价研究

1. 建筑使用后评价研究

国外关于建成环境评价的研究始于 20 世纪 50 年代末，早期的评价对象集中为居住建筑。20 世纪 80 年代后，随着相关理论的发展，建筑使用后评价研究融入了更多的人文社科的研究方法，使其从单纯的物质空间环境评价发展到包含社会心理环境的评价，从而环境心理学、行为学也越来越多地运用到建成环境评价中。20 世纪 60 年代，罗伯特·索莫等人对美国的一些公共机构，例如精神病院和监狱等，针对特殊人群的建筑进行了使用后调研，着重调研评估建筑对特殊使用者在心理、生理等层面的影响，以期为改进以后的同类建筑提供设计依据。这个时期，POE 研究处于起步时期，随着社会变革及相关社会、心理学科的发展，使 POE 在行为科学和环境科学领域等方面的理论研究逐渐深入，主要的理论与实践研究多集中在 20 世纪 60 年代末，重点是对学生宿舍、住宅、老人院等单一功能的建筑进行研究。至 20 世纪 70 年代，POE 研究逐步广泛开展起来，逐渐得到重视，POE 研究的理论和实践达到高峰，期间发表了大量的理论专著，催生了相应的实践服务机构等，研究领域也逐渐清晰明确，包括对评价数据的收集、以成本为技术的评价模型、评价建筑的性能标准、评价因素的全方面考虑以及将建筑使用后评价纳入项目运作过程中的评价方法的探索研究等，同时评价的目标开始扩大到医院、办公建筑、小学、政府机构等建筑。20 世纪 80 年代，POE 研究逐渐由发展期到达成熟期，主要体现在 POE 成为建设过程中的标准程序，并正式出现专门的研究机构或实践部门等方面。至今，国外关于建筑使用后评价的理论已经趋于成熟，形成了相关评价体系，迈向市场化阶段。

2. 校园使用后评价研究

关于校园评价，朱小雷建立了一套基于主观评价的使用后评价研究方法，并对校园环境进行研究。安铮对长安大学渭水校区学生生活区进行使用后评价研究，总结了生活区规划设计中的几个方面。薛欣欣结合校园内的自行车使用探讨了大规模校园中功能分区和路径系统方面的问题。郑依依从建筑群构空间、道路交通空间和户外交往空间进行使用后评价，建立了一套综合评价体系。陈杰从土地利用、道路交通、绿化环境、外部空间、建筑规划几个角度对福州大学旗山校区进行使用后评价。杨展对西南交通大学九里校区的交通系统进行了详尽的调查，总结目前存在的问题，并从出入口、路网、静态交通、功能布局等方面提出交通优化策略。张家明对集约化的大学校园生活区进行满意度评价研究，针对集约化的宿舍综合体、生活区综合体在实际使用中的优势劣势进行总结并提出相应设计策略。李斌从整体架构、功能结构以及文化内涵的角度对郑州大学新校区进行使用后评价，对其缺陷总结并进行改善策略研究。综上，我国对大学校园的规划发展研究体现在方方面面，但关于校园使用后评价的研究相对较少，对校园建成环境使用后评价的研究大多局限于一个校园。

1.4 研究内容

随着人们日益增长的美好生活的需要，使用者对高校学生宿舍提出了更多和更高的要求。研究高校学生宿舍的使用需求，不仅为后续同类型项目提供参考，也为以需求为导向的高校学生宿舍建设提供了理论基础。

本书的主要研究内容有：

①以时间线为主轴，研究了国内外高校学生宿舍的发展历程，分为两大部分进行研究和论述。第一部分研究了国外高校学生宿舍在不同时期的建筑形式和相应的管理方式；第二部分通过梳理我国高校学生宿舍的变迁，阐述建筑形式的变化、存在的不足和与社会发展相适应的需求。

②研究了高校学生宿舍的使用现状。调研组通过研究图纸资料、实地走访

校区宿舍楼、访谈学生和管理者以及对学生进行满意度问卷调查等多种方式结合，对5所高校进行了调研，对调研的方法和数据进行了介绍，分别从高校生活区整体规划、高校学生宿舍使用功能空间和高校学生宿舍整体环境三个方面归纳总结了使用现状，并对其使用满意度进行了分析。

③对高校学生宿舍使用需求进行了分析。在第一章提及的住居学、需求理论、行为心理理论等成熟理论的基础上，结合调研中所反馈的现状问题及访谈中使用者反馈的对宿舍建筑的各种需求信息，对高校学生宿舍的主要使用需求进行了分析。分别从居住需求、学习需求和社交需求三个方面展开论述。

④在已有研究的基础上，对高校学生宿舍进行需求总结和提炼。通过引入需求工程理论，结合工程建设特点，提出需求导向的高校学生宿舍建设对策，以便为需求导向的高校学生宿舍建设提供理论参考。

⑤在对需求导向的高校学生宿舍建设研究的基础上，提炼总结了需求导向的高校类项目建设重点。

在高校学生宿舍建设研究的基础上，课题组将逐步展开教学楼、实验室、校园总体规划布局等系列研究。在条件允许的情况下将展开更多种类的公共建筑项目研究，推进政府工程建设更好的发展。

1.5　本章小结

学生宿舍是高校建筑的重要组成部分。本章主要回顾了我国高校校园建设的发展，重点梳理了高校校园建设相关研究，总结了本书的主要研究内容。

第一节的内容是讲述研究背景。高校扩招使得学生数量迅速增多，进而使得校园建设迅速发展，同时社会经济进步促进校园建设需求变革，而宿舍是高校建设需求变革的重要部分；本书就是这种研究背景下，以高校学生宿舍为例，进行了需求导向的高校类项目建设研究。

第二节对基本概念与理论进行了介绍。第三节对国内外研究现状展开论述。

第四节总结了国内外高校学生宿舍的发展历程、高校学生宿舍的使用现状、高校学生宿舍使用需求分析、需求导向的高校学生宿舍建设对策和结论与展望的主要内容，即本书的重点研究内容。

第 2 章

高校学生宿舍的发展历程

　　高校学生宿舍建设与管理理念在不同时代、不同国家存在明显差异。本章首先介绍国外高校学生宿舍发展历程，以欧美、日本、韩国等发达国家为代表，介绍这些国家高校宿舍建设、宿舍管理方式的历史发展变化和特点。然后介绍我国高校宿舍建设、宿舍管理方面的发展历程。

2.1　国外高校学生宿舍发展历程

　　世界各国大学教育的发展模式以及教育质量各不相同，一般来讲，发达国家和地区的高等教育质量更高。欧美国家大学教育历史悠久，经验丰富，具有比较成熟的大学教育体制和广泛的教学环境配套基础，在宿舍建设以及管理方面有着许多值得借鉴的地方；日本、韩国的高校学生宿舍政策相对来说已经成熟并且各有特色，而又不同于欧美各国，同样值得探讨。

2.1.1　欧美高校学生宿舍

1. 工业革命以前的学生宿舍

　　现代大学教育起源于公元前 400 年的古希腊文明，以柏拉图创建的阿卡得米学院最为著名，不过当时学院招生人数较少，教育理念不同，仅仅具备教学功能，学生均来自学校周边城镇，通常以短期学习为主，基于以上特点，这一时期的学生宿舍需求并没有形成。

欧洲中世纪，高校宿舍制度随着大学的发展不断完善，大学作为教会的资产，主要传授神学相关知识，但大学机构具有部分自我管理的权限。这一时期为了维持大学的独立、庄严环境，大学建筑物布局呈现"四合院"形式，缺乏特色，大学建筑规划整体气氛沉闷。大学管理方式是以教师组成的共同体管理学校，专业相同的教师组成的行业组织成为"系"，每个系推选一个主任，大学内部管理权，如招生、教师聘任、课程设置由全系老师共同决定。这些制度也为后来西方大学管理模式提供了基础。在学生住宿方面，早期只有贵族才有能力上大学，并且受限于当时大学的经济条件，大学只是作为教授知识的机构，中世纪早期大学不提供宿舍，学生在大学附近自行解决生活问题，只有极少数大学受到资助建设了少量的学生宿舍。建立宿舍的大学为了更好地管理、培养学生，往往将教学管理模式延伸到学生生活领域，学院不仅管理、培养学生学业，而且对学生日常生活形成制度约束，组织更多的集体活动，这种模式即住宿学院制。中世纪晚期，随着大学经费增多，更多大学形成了固定的生活建筑、区域，到15世纪，大学教学以及宿舍管理模式基本上确定了一种稳定的状态。

值得注意的是，中世纪的大学讲授内容以神学为主，脱离实际生产和生活，上大学的花费对于普通家庭难以承受，因此学生大多来自富裕家庭，学生人数一直较少，学生一般具有较强的学费承受能力，所以这个时期大学宿舍管理所推行的住宿学院制度只需要建设少量宿舍便可以满足需要，住宿学院中导师也只需要负责管理、指导少量的学生。在工业革命以后，随着技术人才的需要、城镇中产阶级的壮大，这种情况发生了改变，促使大学宿舍建设管理模式发生了相应调整。

2. 工业革命以后的学生宿舍

17世纪中叶以后，工业革命以来，科学技术飞速发展，人才需求迫切，促使各国建立大学培养人才。中世纪晚期形成的住宿学院制的宿舍管理模式逐渐发展成为多样性宿舍管理模式。本书选取了英国、法国与美国这三个代表性国家，重点讲述这三个国家的高校学生宿舍。

（1）英国

1）19世纪末期之前

19世纪中叶之前，英国大学教育大多属于贵族教育，且大学由教会投资建立。如英国剑桥大学、牛津大学，在学生管理方面大体上依然采用中世纪的住宿学院制度。这些大学认为学校在为学生提供宿舍、履行照顾、生活管理等方面有着无可辩驳的义务，因此在住宿规则上对生活、品行、礼仪、学术等方面有着大量的规定要求。

住宿学院制度下的每所住宿学院内都有系统的学习、生活空间和宿舍、图书馆、餐厅、娱乐室、洗衣房等场所，住宿学院建立的目的就是让学生认为住宿学院就是学生们的"家"，让学生们找到归属感，加强学生自我管理和独立生活的能力。

图 2-1 所示为拥有悠久住宿学院历史的英国剑桥大学三一学院。

图 2-1　英国剑桥大学三一学院

住宿学院制度下的基本管理模式是：每个住宿学院类似一个小社区，拥有独立的学院院长、教学长、生活顾问等管理人员，除教学研究以外的一切学生事务均由住宿学院专门负责，基本实现了教学机构与学生事务分隔独立管理。

以英国剑桥大学为例，剑桥大学自建校开始便实行住宿学院制度。剑桥大学住宿学院属于大学，但是有自己的管理人员，每所住宿学院都有负责学生生活和学习、指导学生课程的专业管理团队，有些管理人员和家人甚至直接住在住宿学院中，因此这种制度能够在学生的学习和生活中给予更大的帮助。学院有自己的章程，未经大学及学院管理机构同意，学院章程不得改动，此外学院有自己的财产及收入，这保证了学院的独立发展。

在管理学生学业方面，住宿学院中会有一名副院长负责学生学业，一名老师负责学生个人的全面发展。在住宿学院中会有教导长和学生一起住在学院中，定期接待学生来访。并且下设高级导师负责指导学生进行学业管理。

导师制是学院制度的核心，导师可以为学生提供个性化教学、辅导，为学生的学业指明方向，有效增强学生的自信心，促进学生学业的发展。

2）19 世纪末之后

在 19 世纪末，英国完成了农业社会向工业社会的转变，经济实力达到了空前的高度，工业革命催生了大量技术人员的需求，与此同时，大量人口聚集在城市，这两个因素产生了对高等教育的大量需要。另外，当时民众对建立在中世纪的大学中所传授的知识以及管理方式的老套、滞后而不满。在这种背景下，一批新式大学由此建立，被称为"新大学运动"。在这一运动中建立的大学大多由资本家、公众资助，属于公立学校，而不属于私立学校，办学目的是满足当时资产阶级对于技术人才的需求，也为更多平民提供了上大学的机会。

这一时期以伦敦大学为代表，伦敦大学设立之初就是以提供实用技术为主，满足当时城市中产阶级的需要。在大学选址上，为了保证生源，选择建立在城市繁华地段，而不是在郊区。学费设置远低于传统中世纪建立的大学，教学模式采用大班化教学。学费以及教学模式这些因素导致伦敦大学无法实行住宿学院制度，因此只建设少量的宿舍，学生实行申请寄宿和走读结合的方式；并且提供的宿舍也以生活功能为主，与住宿学院相比弱化了沟通、学习的功能。这一方式也延续到现在，英国新建的大学均不提供大量的宿舍。

除了实行住宿学院制度的大学，目前英国大学一般只为部分学生提供宿舍需求，一般只为一年级本科生、大部分硕士生提供宿舍。其他学生则居住在由地方政府、服务机构和私人家庭等提供的住房内。学生宿舍一般实行有偿居住，按质论价，有的学校会给在校外住宿的学生发放经济补助，这些措施能够通过多种渠道使大学生的住宿问题得到不同程度的解决。

（2）法国

法国高校建设以及宿舍管理模式受到法国高等教育理念与现实条件的影响，大体可以分为 20 世纪 90 年代之前与之后两个阶段。

1）20 世纪 90 年代之前

法国拥有悠久的高等教育历史，但在 20 世纪 60 年代以前，受到历史的影响，法国大学一般位于城市核心地段，导致大学扩张成本较高。法国大学学生人数在 20 世纪 70 年代，十年间从 21 万增加到 60 万，为了提高建设效益，法国政府规划者受到经济学中的聚集效应的启发，同时也是为了更大限度地扩大高校规模，开始探索在城市郊区或者工业区进行大学校区建设。聚集效应是现代经济和产业理论重要内容之一，聚集是指经营同一种产业在地理位置上集中在一起，可以获得优势互补、资源共享的效果，促进共同发展，即总体大于部分之和。这一时期法国出现了众多大学城，大学城学生宿舍区多数位于高校周边，由于法国的交通系统比较完善，而且很多学生拥有汽车，因此往返大学城居住区与学校之间非常方便。从空间形态上看大学城居住区与城市住宅区十分相似，一般一个居住区可以容纳 300～1000 名学生。

以巴黎国际大学城为例，巴黎国际大学城位于巴黎第 14 区南部的一个学生宿舍群，主要服务对象为在法国的高等教育机构学习的留学生，共有 40 座建筑（即将建起的中国楼是巴黎国际大学城的第 40 栋建筑），约 5500 套房。整个园区经过系统规划，配有可容纳多种社会活动的各类设施。每座住宅楼具有不同的建筑风格，并拥有独立的确定的场地范围，使得大学城内既有整体和谐的设计又有多样的建筑个性（图 2-2、图 2-3）。

图 2-2　巴黎国际大学城鸟瞰图

在大学城模式下，学生宿舍因为统一规划的原因，周边自然环境以及交通规划能够得到较好的满足，但是从实际规划来看，为了保证教学区域的集中，学生宿舍实际上是被分散在了大学城边缘，造成学生之间交流不便。另外，大学城距离较远也为学生接触社会造成阻碍。

图2-3　巴黎大学城"中国之家"方案北立面效果图

2)20世纪90年代至今

20世纪90年代，法国政府开始对大学城模式进行反思，他们认为大学应该对周围的经济、社会做出积极反应，之前的大学城形成了"文化孤岛"现象，为了改变这种缺点，法国政府开始转变大学开发模式。以巴黎大学为例，政府将大学新址选在城市中心区边界位置，着力解决学生接触社会少的状况。

目前，法国对大学生住宿实行高度社会化管理模式。第二次世界大战以后法国成立了全国大学事务中心，进行全国大学生后勤管理工作，高校一般只负责教学、科研工作。全国大学事务中心通过对其28个地区的大学事务中心进行管理，为大学生提供各种配套服务，管理和经营宿舍、食堂等政府公共资金投资建设项目。

目前每年约有15万大学生租住在大学事务中心提供的房屋中，其余大学生住房需由学生自己解决。每年4月，大学事务中心根据学生个人、家庭收入情况，学业以及距离远近，对房屋进行分配。

由地区大学事务中心直接管理的传统学生宿舍按照建设标准，可以分为三类，即大学城宿舍、单间宿舍以及低租金住房。

大学城宿舍的每个宿舍区一般由若干栋宿舍楼组成，由一名经理代表大学事务中心负责管理。这种宿舍每个房间面积为$9 \sim 11 \ m^2$，宿舍楼内配有公共厨房、会议室、洗衣间等公共空间。由于隶属于政府管理机构，这种宿舍房租较低。其中最有代表性的为 20 世纪大学城区域内修建的宿舍。

单间宿舍的生活、学习条件更为舒适和方便，单间宿舍规格一般由大学事务中心自己确定，宿舍管理机构对单间宿舍管理实行管家管理，这种宿舍房租比大学城宿舍要高。

低租金住房大多属于私人所有，大学事务中心集中租赁，然后出租给学生。这些住房位置较为分散，一般位于大学园区以外，这类住房因为政府补贴的原因，房租也较市场价格低一些。

（3）美国

美国的高校宿舍模式与英国、法国的有些不同。美国大学更倾向于让大学生住在校园内，由学校为学生建设宿舍，并纳入大学校园的建设体系中；美国大学宿舍管理方式可以分为以下四个阶段。

1）殖民时代

在殖民时代，作为英国的殖民地，美国大学建设人员往往直接参照英国的大学模式进行建设。以哈佛大学为例，哈佛大学主要发起人均是牛津大学、剑桥大学毕业，哈佛大学以这些学校为榜样，采取住宿学院制。教师和学生一起吃住，教师代替父母督促学生学习，因此老师不仅在课堂上教授知识，还要对学生的全面教育负责，也因此课堂学习、课外的活动在住宿学院制下联系紧密。当时大学管理者认为这种方法能够促进学生道德、学业的发展，这种学习、生活方法也较为符合当时美国国内实际情况。当时美国人口较少，城市规模较小，许多学生来自偏远地区，大学所处社区难以满足学生住宿、生活需求。

2）美国独立至 19 世纪后期

美国独立至 19 世纪后期，这一时期美国人口增加，住宿学院模式难以给学生提供足够的休息空间，并且由于学生人数增加，教师疲于解决学生的矛盾、冲突，因此导致大学管理者对住宿学院制的有效性产生了怀疑。特别是在 19 世纪后期，受到德国大学体系的影响，许多大学管理者认为大学的首要责任是教学和研究，教师首要任务是传播和创造知识，学生的生活需求不适于学校的职责。再加上宿舍建设费用高昂，学校管理者希望能把大学建设经费用于教室以及图书馆建设，因此美国这个时期建设的大学大多取消或者只建设少量的宿舍，在这种背景下导致课堂与课外出现了分离，教师仅仅承担"学术事务"。

3）19 世纪后期至 20 世纪中期

19 世纪后期至 20 世纪中期，这个时期美国大学招生人数增加了数十倍，女性、已婚学生数量大大增加，在 20 世纪早期，美国政府为大学提供贷款和资助以增加住宿设施，政府的政策为宿舍建设提供了大量资金支持，尤其是在二次世界大战以后，大量退伍军人进入大学学习，再一次促使学校投入资金建设大学宿舍。这个时期为了满足更多人数的需要，宿舍建设着重考虑成本以及提供更多床位。由于学校参与宿舍管理力度的减弱，出现了专业的宿舍管理人员，这些人员目标就是帮助学生适应大学生活并顺利度过大学时光，学生生活管理全部由学生事务人员负责，出现了老师对学生学业负责，宿舍管理者为学生生活负责这种惯例。

4)20 世纪中期至今

20 世纪中期至今，这个时期美国大学宿舍已经能够基本满足学生的需求。但是随着学校教育理念的变化，美国学生对于审美价值、自我观念、独立自主的要求不断提高，不同大学对于学生宿舍的看法出现了不同的观点。一方面，部分学校从学生发展视角出发，认为住宿学院制度能够使得师生的联系更为紧密，能够最大限度地促进学生认知与品格的建立，重新实行住宿学院制度。而另一方面，部分学校从学术角度出发，认为教师应该将更多的时间用于学术工作，而不应该花费大量时间监督学生和进行纪律教育，即学校没有义务代替父母照顾学生，因此采取学生自由选择居住场所的政策。

2.1.2　日本、韩国高校学生宿舍

日本高校学生住宿情况与欧美不同。日本现代大学从 1877 年东京大学建立开始，在此后的 20 年中，京都大学、东北大学、九州大学等国立大学相继建立。日本大学生数量急剧增加是在 20 世纪六七十年代，日本高等教育毛入学率提高了一倍，使得精英化的大学教育转变为大众化、普及化教育，改变了日本高等教育结构，私立院校比例逐渐提高。另外，日本大学土地资源紧张，成本高昂。导致绝大多数日本高校(尤其位于东京的高校)一般不为在校大学生提供宿舍，大学校园里也很少规划大学生生活区，只有极少数的市区大学和远郊区大学才设有少量的大学生宿舍，如东京工科大学在离校园 10 km 处设有大学生生活区，筑波大学在校内设置南北两个大学生居住区。

据统计，日本全国大学的住校生约占全国学生总数的 10.9%，绝大部分学生是在校外租房，走读上学。这是因为日本具备了两个社会条件：一是公共交通特别发达，走读学生往返学校与住所之间主要靠地铁、火车等公共交通工

图 2-4　吉田寮，位于日本京都大学，日本现存最古老高校宿舍，
目前仍有 200 多名学生居住

具，路途耗时不太多，可以准时到达；二是在大学附近一定范围内，居住空间
比较宽松，具备向大学生提供住房的条件。日本学生在学校外租住房屋的主要
来源，一方面是民间经营的公寓、宿舍及自家的剩余房屋，这是属于自发性质
的经营行为；另一方面也是占绝大多数的是通过学校授权，由专门的商业公司
经营的学生会馆，它的管理比较完善，且设施齐全，但是费用相对较高，属于
社会化的大学生居住空间环境。留学生的居住除了县、市提供的留学生会馆
外，很多大学还设有专门为外国研究者、留学生提供的国际交流会馆等居住
设施。

　　韩国高校宿舍建设和管理模式与日本不同，韩国高校往往建立了能够满足
绝大多数学生居住的宿舍区域，但宿舍区与教学区在距离上可能较远。在宿舍
居住方面，采用的是自愿申请制度。韩国各大高校均有大学生服务中心，学生
可以向该机构申请住宿，服务中心根据条件筛选、匹配，将兴趣相似的学生安
排在一起，整个宿舍区实行学生自主管理，宿舍区设有公共自习室、厨房、健
身房等公共设施，便于学生之间交流，给予学生充分的自由发挥空间，但另一
方面，韩国高校又在门禁、垃圾分类、禁言等方面订立了严格的规章制度，学
生如果违反了住宿规章制度，扣掉相应的宿舍积分。如果学生宿舍积分低于一
定的值，会失去申请宿舍的机会。

2.2 中国高校学生宿舍发展历程

2.2.1 辛亥革命至中华人民共和国成立以前

辛亥革命以后，以孙中山为首的资产阶级革命派坚持改良中国高等教育，创立了以北京大学、清华大学为首的一批国立大学。以北京大学为例，蔡元培以"循思想自由原则，取兼容并包主义"为方针，对北京大学进行改革。不仅仅将学生当作被管理者，而是充分调动学生进行学校管理。宿舍以 2 人间、4 人间为主，对学生日常进行严格管理，不仅要求全部住校，按时作息，而且对用餐、洗浴时间进行了限制。这种宿舍管理制度在当时发挥了重要作用，也为新中国成立以后的中国大学学生培养及宿舍管理提供了基础。

2.2.2 中华人民共和国成立至今

1. 改革开放以前

1950 年，教育部明确了大学教育目标，即"以理论与实践一致的教育方法，培养具有高级文化水平，掌握现代科学和技术的成就、全心全意为人民服务的高级建设人才"。以此为目标，中国的高等教育及其宿舍建设方面出现了崭新的局面，在学校规划和建设模式方面，受苏联大学的影响，学生住在学校统一提供的宿舍里，大学校园包括了学生宿舍、食堂等服务设施。宿舍区内的商业服务设施、学生活动中心能够满足学生日常生活需要，整个大学校园具备自足能力，形成了较为封闭的校园生活模式。

这一时期大学宿舍建设以"实用、坚固、在尽可能条件下美观"为基本方针。各高校在建设学生宿舍时以满足学生住宿需求为主，人均居住面积要求较低，宿舍人数以 6 人间、8 人间居多。宿舍内的设施以满足学生日常基本功能为主。当时社会受工业化水平不高的影响，房屋承重结构采用砖木结构承重，采用清水砖墙、坡屋顶构造。平面布局均为内长廊式布局，建筑立面、造型均无太大差异。随着时代的发展，这些建筑由于建设标准较低、改造维护成本较高，目前大多已被重新建设。

基于当时我国经济条件、高等教育水平，在宿舍管理方面，学生共同生活、学习，管理方式采用半军事化管理。学校对学生作息、课外活动均有详细规定。

2. 改革开放至 20 世纪末

"文革"期间,中国高等教育发展陷入停滞状态,1978 年举行了"文革"以后的第一次高考,国家的重视以及对人才需求的增加促使我国高等教育建设进入了快速发展时期。1985 年 5 月,国务院提出改革高等学校招生计划和毕业生分配制度,扩大高等学校自主办学权。作为高校改革的一部分,高校后勤服务改革的方向是实行社会化。改革开放以后,高等教育的作用和地位发生了变化,促进了高校建设"量"和"质"的双重提高。从量上看,学校招生规模不断提高,1988 年在校人数增加到了两百万人,原有校园设施难以满足需求。从质上看,我国社会、经济的发展也为高校建设标准的提高提供了基础,校园规划和建设出现了新的规划模式,更加灵活和开放。

为了在经济条件有限的情况下最大限度地提高宿舍的居住人数,满足大学生人数的大量增加,这一时期宿舍建设还是以满足学生住宿需求为主,宿舍层数通常为 6~7 层,但是结构形式转变为更加安全、灵活性更好的钢筋混凝土结构,盥洗室采用更加干净整洁的装修设计,采用内走廊设计,两侧均匀排列住宿的房间,外立面采用瓷砖、涂料装饰。

与改革开放以前相比,学生生活区配套设施有了较大的改善,有了洗衣房、开水房、体育场及操场,宿舍建筑结构的变化能够为学生提供更多的晾晒空间,宿舍区商业设施也能够满足学生日益增长的物质需要。因此这一时期的宿舍建设能够保证学生居住需要,同时也能为学生提供良好的运动、娱乐场所。

在宿舍管理方面,高校一般委托专业的宿舍管理单位对宿舍卫生、安全进行管理,高校负责考核宿舍管理单位的工作。学生在保证学业、安全的前提下具有较多的自由空间。

3. 21 世纪

21 世纪以来,我国高校招生规模进一步扩大,且随着经济条件的提高,催生出了新一轮的高校建设热潮,大学的建设标准也在不断提高。

受到城市规划、城市土地供应的影响,目前大学扩建多以新建校区为主,新校区往往选址在城市郊区附近,能够提供较多的土地,因此为宿舍的建设及管理模式的发展提供了保障。宿舍条件由单一的空间形态发展为多样化的空间形态。学生宿舍一般以 4 人间为主,寝室内均配有卫生及盥洗设施。条件较好的宿舍规划建设时呈现出了单元式的布局,如厦门大学思明校区、哈尔滨工业大学(深圳)的宿舍。由核心与短走廊连接若干套房,套房包括3~4个寝室以及公共客厅、卫生间,这种布置形式考虑到了使用者的需求,增强了空间可识别性,宽敞明亮的客厅也能够更好地营造交流机会。同时新建宿舍区对宿舍配套设施的建设也提高了标准,为学生提供了晾晒场所、自行车、电动车停放区等场所。

除了宿舍建设标准方面的提高,我国的宿舍管理水平也相较之前有了极大提高。我国高校学生大多居住在学校提供的宿舍内,这为书院制的建立提供了良好的基础。部分高校开始进行书院制的探索,希望克服传统的仅仅将宿舍作为居住场所,忽视学生社区的作用的弊端。其中较有代表性的学校是复旦大学和汕头大学。2005年,复旦大学首开内地书院制先河,汕头大学于2008年秋季实行住宿学院制新模式。以复旦大学书院制为例,其以四栋宿舍楼为基础设立四大书院,新生不分文理,混合重组,书院内进行一年跨专业的通才教育。每个书院均有院徽、院旗、院歌,构成了具有书院特色的文化标识系统,在学生管理方面,以学生宿舍为管理平台,学生自主产生班级,80人为一班,打破了长期以来学生工作按照教学班级管理的状况,并且书院有常任导师入住书院,管理学生日常工作。书院如同一个小社会,融合学生生活、学习为一体,对学生人际交往能力的培养、兴趣爱好的形成都产生了积极的影响。

2.3　本章小结

本章首先讨论了欧美国家高校宿舍建设发展历程,然后介绍了我国宿舍建设的发展历程。通过这些我们可以认识到,国外的高校学生宿舍管理方式各不相同且已经趋于成熟,处于稳定的状态。我国高校宿舍建设相较于以前已取得了很大的进步,但还是存在着很多不足,我们需要从实践中吸取经验教训,寻找到适合我国高校宿舍发展的新途径。

第3章

高校学生宿舍现状与满意度评价分析

3.1 调研方法与数据

3.1.1 调研方法

在高校学生宿舍的调研中，本书采用了实地调研、访谈调研、问卷调查三种调研方法，以尽可能全面地收集高校学生宿舍使用现状信息。

1. 实地调研

实地调研是指调研组到各高校的宿舍进行现场考察，直接获取信息的调研方法。调研组由各专业工程师组成，他们在研究图纸资料的基础上，通过实地调研，收集现场资料，深入了解宿舍的使用现状和存在的问题等。实地调研的内容生动，形式直观。

2. 访谈调研

访谈调研是指由调研组成员通过对学生、学生事务管理老师和物业管理人员等进行访问，来获取学生宿舍使用现状相关信息的方法。访谈调研耗时较长，但所获得的信息准确性较高。对于不同访谈对象，访谈的内容会有所区别。一般以提问的方式进行访谈，如询问学生居住在宿舍中常常遇到的问题有哪些，询问学生事务管理老师最关注学生宿舍哪几方面的问题，询问物业管理人员在宿舍管理过程中遇到的难题等。

3.问卷调查

调研组走访深圳的 5 所高校，对学生宿舍使用对象进行了问卷调查。问卷调查有利于获得客观、直观的数据资料。

（1）问卷设计

学生问卷调查的目的在于收集学生使用者的满意度、使用中存在的问题和使用需求等信息。除基本信息外，问卷调查通过闭合性选项了解学生的使用满意度。同时每一题均设开放性问答，以便部分学生反馈使用现状和期待被满足的需求。

学生问卷调查的设计需要抓住与其相关的主要问题，问题需要通俗易懂，且不宜重复。学生问卷调查以《规范》为依据，以马斯洛理论和环境心理学为理论指导，从人的需求出发，围绕与学生使用需求密切相关的内容，从居住基本单元空间、居住辅助空间、公共休闲空间、学习功能空间、联系空间及设施和环境影响中的主要影响因素设置问题，如表 3-1 所示。

表 3-1　学生问卷调查的主要内容

使用需求		建筑功能空间及设备设施		问题
居住需求（生理需求和安全需求）	—	居住基本单元空间（设施）	总体印象	最不满意空间大小、床铺、收纳、书桌、卫生间和其他的哪几方面？
	休息		居室的使用情况	床铺舒适度？
	储藏			收纳空间的使用情况？
	洗漱洗浴便溺		卫生间的使用情况	卫生间的使用情况？
	洗浴设施			洗浴设施的使用情况？
	晾晒		晾晒情况	晾晒空间便捷程度？（阳台、晾晒平台、屋顶）
	—		用电情况	用电设施的使用情况？
	洗衣	居住辅助配套空间及设施	洗衣配套功能	洗衣服便捷程度？
	饮水购物		公共配套设施	开水设施、自动售货机等公共配套设施的使用频率？

续表 3-1

使用需求		建筑功能空间及设备设施		问题
社交需求	社交	公共交往活动空间	公共休闲空间的使用情况	公共休闲空间的使用频率？
求知需求	学习	学习功能空间	学习功能空间的需求度	对宿舍学习空间的需求程度？
				平均每天的学习时间？
				周一至周五在宿舍的总时间？
				周末在宿舍的总时间？
交通联系需求	各功能空间的连通	联系空间及设施	交通联系功能的使用	电梯使用情况？
				楼梯使用情况？
环境对人的心理影响		环境影响	物理环境	噪声的影响？
				室内热环境的情况？
便捷性需求		与使用密切相关的设施		最容易坏的设备设施有哪些？
未被满足的需求或所期望的需求		—		对宿舍楼设计的建议？

（2）调查预演

在进行正式调查之前，课题组制作了两份问卷，在某高校进行调查预演，并根据学生做题的时长、对题目的理解情况以及问卷的答题情况进行了问卷调整和修正。

3.1.2　调研数据

从深圳的高校中选择了 5 所高校进行调研，分别为高校 A、高校 B、高校 C、高校 D、高校 E。5 所高校的发展理念、使用群体构成等不尽相同，这有利于分析不同高校学生群体对高校学生宿舍的需求差异，同时减少了某一类特定群体认知偏差所带来的影响。

调研组对 5 所高校均进行了实地调研。在对 5 所高校调研过程中，调研人员分别收集和记录了学生宿舍生活区、宿舍建筑各功能区、周边环境等图文资料。

学生问卷调查采用随机抽样的方式。5 所高校一共发放问卷 2200 份，回收有效问卷 2148 份，具体为：高校 A 回收有效问卷 280 份；高校 B 回收有效问卷

796 份；高校 C 回收有效问卷 381 份；高校 D 回收有效问卷 320 份；高校 E 回收有效问卷 371 份。

3.2 高校生活区整体规划现状及满意度分析

学生宿舍与生活服务配套设施组成的居住组团构成了宿舍生活区[12]。

高校 A 毗邻地铁站(从校门口步行至地铁站约 1 km)，校区周边有多个公交站点，交通较为便利(图 3-1)。高校 A 与多所高校毗邻，共享大学城的配套教育资源。高校 A 的校区连成一片，教学区、生活区和行政办公区围绕基地内保留的一片天然荔枝山林布置，校园外东北部有会议中心、图书馆和体育中心等公共配套设施。学生生活区从校区南部延伸到西部体育场附近，投入使用的学生宿舍有 10 栋，均为 28～29 层的高层塔式宿舍楼。宿舍的外部空间由道路、塔式楼栋间的绿化和小型广场构成(图 3-2)。生活区有食堂、活动中心等配套服务设施。学生的自行车停放在宿舍楼底层架空层(图 3-3)，自助烘洗机也分散布置在各宿舍楼的架空层，校园外东北部有银行提供金融服务；调研时，生活区内未设置便利店，无自动售货机，无快递室或快递柜等配套等。进行问卷调查时发现，学生对生活区的整体规划情况较为满意，但期望有超市、快递收发室等更为便利的配套设施。

图 3-1 高校 A 校园生活区示意

图 3-2 高校 A 生活区内小型广场　　　图 3-3 高校 A 的自行车停车处

　　高校 B 的三个校区分布在同一片区，由城市道路分割成三个部分，校区之间开通校间公交，校园内设公交站；所处地理位置毗邻地铁站和城市公交站，交通便利；周边商业配套完善。此次调研将其中的一个校区作为主要调研对象，该校区总平面示意图如图 3-4 所示。校区内行政办公区位于西部，教学区、图书馆位于中部，音乐厅和体育场馆(在建)位于校区东北部，生活区位于东部。生活区内有已建学生宿舍 6 栋，共计约 8×10^4 m²，均为地上 1+7 层的小高层宿舍，建筑高度约为 25.8 m；在建高层宿舍综合楼 1 栋。宿舍的外部空间由中心庭院或室外羽毛球场和道路构成，毗邻校园内的湖景；配套服务设施围绕宿舍楼分别散布在生活区内，有食堂、便利店(图 3-5)、通信店(图 3-6)、快递寄收点(含丰巢快递柜)、学生管理中心等，自行车停放区域位于校园东侧入口处，未设集中洗衣房(宿舍楼栋内分散放置洗衣机)。通过与学生交谈可知，大家对生活区的整体规划较为满意，但认为生活区内缺乏可供交流的公共休闲空间和自助配套设施等。

　　高校 C 的校区周边公共交通欠发达，仅有少量公交站，未来规划 1 km 内有地铁站。校区正在建设中，目前基本建成的一期地块用地约 6×10^5 m²，由市政道路分割为几个地块，包括六大学院及教学楼、实验室、图书馆、宿舍、食堂、行政办公楼、后勤附属用房、师生活动用房、学术交流中心、会堂、室内外体育场馆地、架空层及公共交通平台等。一期周边商业配套暂时不够完美。如图 3-7 所示，学生生活区位于东边地块北部，主要有留学生与外籍教师综合楼、两栋北区宿舍、北区食堂、校医院五栋单体(共约 28.5×10^5 m²)。高校 C

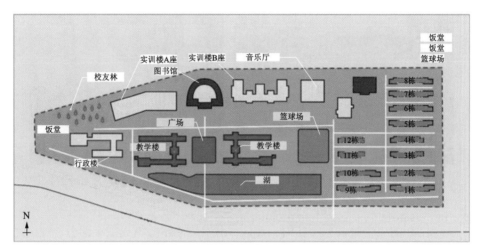

图 3-4　高校 B 校区总平面示意图[13]

图 3-5　高校 B 生活区内的便利店

图 3-6　高校 B 生活区内的通信店

已建成并投入使用的学生宿舍有 C17A 和 C17B 两栋(图 3-8),均为 18 层。宿舍的外部空间由楼栋所围合的半开敞绿化休闲场地和连廊构成,形状较为规则;生活区配套服务设施有食堂及活动中心、校医院、集中洗衣房,学生公寓管理中心和就业指导中心位于宿舍楼首层和二层,由于校区还在建设中,调研时洗衣房还未投入使用;校区覆盖范围较大,各区分块,虽然规划设置了校内公共交通但还未投入使用,调研时学生大多骑自行车穿梭于校区间,但生活区内未考虑自行车停放区域,所有自行车主要停放在市政路两侧(图 3-9)。在调研过程中,通过与学生交谈可知,学生认为公共配套设施不够完善,缺少便利

店、快递柜、自行车棚等设施；另外认为室外公共休闲空间的设计缺乏隐私性
等。学生们对宿舍的风雨连廊和开阔的架空层是非常满意的。

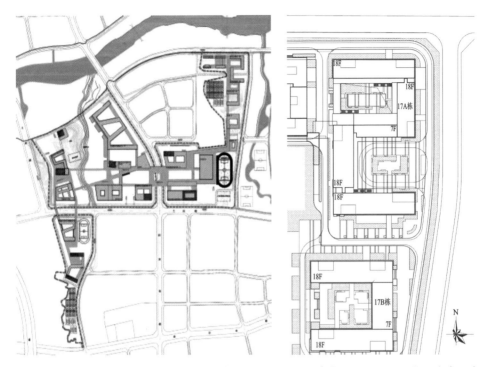

图 3-7　高校 C 校区一期总平面示意图　　图 3-8　高校 C17A、C17B 北区宿舍示意图

图 3-9　高校 C 的自行车停放

高校 D 周边交通较为便利，2 km 范围内有地铁站，校区周边有多个公交站，周边商业配套设施较为完善。一期校园分为上园、中园、下园三个部分（图3-10）。上园规划主要包括三个书院、教职员宿舍、服务中心、健身房、室外网球场和篮球场等配套设施；中园为绿化区域，设有机动车道及绿道，连通上、下园，毗邻公园；下园规划主要包括行政楼、图书馆、教学楼、实验楼、国际会议中心、室内体育馆、学生中心及书院等；该校区上、下园均集中规划学生宿舍楼栋，结合教育理念采用书院制形式。校内有定点校内公交（图3-11）。两个园区均设有地面停车场。高校 D 已建成并投入使用的书院有 4 个；宿舍外部空间由各书院所围合的小广场或休闲平台和校区道路所构成；校园内的配套服务设施有健身房、食堂、学生中心、医务室、洗衣房、校园卡服务中心、书店、自助银行、文印中心、咖啡店、茶饮店、面包店、便利店超市、架空休闲或屋顶花园休闲空间、与绿化结合设置的自行车停车场、位于架空层的快递收发柜等；其中超市集中设置，步行距离稍远，每栋宿舍楼首层均设自动售货机。进行问卷调查时发现，学生们对生活区的整体规划情况较满意，但认为取放自行车的流线有些迂回，自行车停车点离宿舍步行距离稍远，部分停车区利用率低，希望自行车停车线路更便捷；此外希望洗衣房的设计能够更合理，并希望增加自动售货机的品种以供选择。

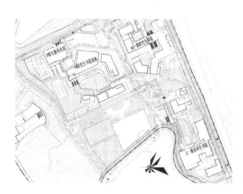

图3-10 高校 D 局部总平面示意图

图3-11 高校 D 的校内公交

高校 E 校区交通便利，校区外 1 km 范围内有地铁站，校区外有多个公交站。校内分为生活区、教学区、运动区等，建筑以小尺度建筑组团为主，穿插山水园林，形成开放流动的空间。生活区内分为两大区域，分别是多层宿舍区

(图 3-12) 和新宿舍区，位于校区中部靠西。校内有校内公交，并有地下停车场。自行车停放在架空层或自行车停车场。学校采用书院制管理，高校 E 已建成并投入使用的书院有 6 个 (学生宿舍综合楼)，书院组团的外部空间由建筑围合而成的不规则小广场、湖景、道路等构成，各书院设集中公共洗衣房、自动售货机、快递收发室和快递柜，在两个生活区设集中超市、共用通信业务办理平台店铺等。多层宿舍区、新宿舍区可在建筑内和滨水绿化带提供休闲阅读、轻食餐饮等交往空间，每个书院设活动室等公共空间。调研中通过与学生交谈可知，学生们对生活区的整体规划情况较满意，同时也期待洗衣房和公共休闲空间的插座、配套桌椅等设置能更人性化。

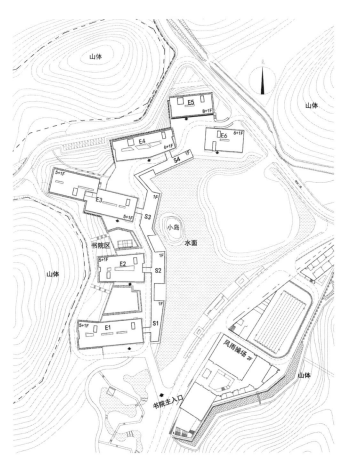

图 3-12　高校 E 多层宿舍区局部总平面图

3.3 高校学生宿舍使用功能空间现状及满意度评价分析

在《道德经》中老子提出"埏埴以为器，当其无，有器之用；凿户牖以为室，当其无，有室之用；故有之以为利，无之以为用。"房屋有了空的部分即空间，才有了其作用。区别于自由的、无意识的自然空间，建筑空间是人类有意识、有目的的组织和营建的空间，是具有某种目的、某种属性和某种尺度的空间。

通过对《规范》的内容进行分析，整理归纳了常见的功能空间及其要求，如表3-2所示。《规范》指导建筑设计，是设计的"下限"，实际上，设计师会根据实际需要对高校的学生宿舍进行合理设计，一般情况下功能空间会比《规范》要求的更丰富；下文结合《规范》分类和高校学生宿舍的实际使用现状，从与学生密切相关和与管理者密切相关的使用功能空间两大部分进行论述。

表3-2 宿舍建筑设计规范的主要功能要求

		宿舍建筑单体(群)	总平面(学生生活区的规划)
功能空间	居住基本功能	★居室(含储藏空间)、无障碍居室	★出入口前集散场地 ★室外活动场地 ★自行车存放处 ☆机动车停车位 ☆集中绿地 ☆宜接近工作学习地点 ☆宜靠近公共食堂、商业网点、公共浴室等配套服务设施
		★卫生间(厕所、盥洗室)	
		★晾晒空间(阳台、晾晒平台)	
	居住辅助功能	公共厨房、☆开水设施(间)	
		☆公共洗衣房或洗衣机位	
		☆公共厕所、☆清洁间、★垃圾收集间	
	社交功能	★公共活动室、☆会客空间	
	学习功能	居室(书桌)	
	宿舍管理	★管理室	
	交通联系、疏散	★楼梯、电梯	
建筑部件		★与建筑一体化设计：空调搁板、设备基础	

续表 3-2

宿舍建筑单体(群)		总平面(学生生活区的规划)
其他	★无障碍设计、★标识系统	
	室内环境(通风、采光、隔声降噪、节能、室内空气质量)、室外环境、排渗措施	
	给排水、供暖通风与空气调节、电气等专业设计	

注：★表示《规范》要求应设的功能；☆表示《规范》要求宜设的功能。

3.3.1　学生使用功能空间

当代高校学生宿舍的建筑功能由最初的以单一的居住功能向居住、学习、社交、工作等多种功能融合为一体的综合性宿舍楼转变。与学生居住密切相关的功能空间主要有居住基本单元空间、居住辅助空间或设施、公共空间和联系空间或设施等。

在《大学校园生活支撑体系规划设计研究》中，汤朔宁提出了"居住单元"的概念：居住单元是指大学生在宿舍生活中最基本的"细胞"，它以"寝室"为细胞核，围绕着盥洗室、卫生间、学习室、垂直交通空间以及阳台、储藏间等一系列最基本的生活需求空间，共同组成一个满足大学生最主要的生活需求的空间群。[14]《建筑设计资料集》第 2 册把在一个宿舍单元内的功能空间称为宿舍单元。

为了区分居住基本功能空间和辅助功能空间，本书把满足使用者基本居住需求的居室及储藏空间、卫生间(或厕所、盥洗室和浴室)、晾晒空间归纳为居住基本单元；把为使用者提供更便捷、舒适居住条件的建筑功能空间，如开水房(设施)、洗衣房、公共小厨房和垃圾收集间等归纳为居住辅助空间。

公共空间包含活动空间和学习空间。《规范》中将供居住者会客、娱乐、小型集会等活动的空间称为公共活动空间。除了《规范》明确的三种类型外，部分高校学生宿舍设置了供学生组织社团活动的社团室，本书将其归纳为学生的公共活动空间进行论述。为了给学生提供学习条件，除居室内的书桌外，某些高校在学生宿舍楼栋内还设置了小自习室、研讨室、阅览室等供多人共同使用的学习空间，本书将其归纳为公共学习空间。

庄维敏等所著的《建筑策划与后评估》一书中将所有建筑的空间划分为两类空间，即活动空间和联系空间。活动空间一般具有各种不同的功能，产生各种人或辅助人活动的空间；联系空间是指连通各活动空间的交通空间，例如走廊、楼梯、电梯等。本书将楼梯、电梯、走廊、门厅等空间称为联系空间或联系设施。

1. 居住基本单元现状与满意度评价分析

此次调研的5所高校的布局形式不尽相同，其居住基本单元的组成也不相同。居住基本单元有的由几间居室和公共卫生间、阳台形成一个套间(居住基本单元)，再由几套居住基本单元围绕核心筒形成一个标准层；有的居住基本单元由居室、居室附设卫生间和阳台构成；有的居住基本单元由居室、公共卫生间和晾晒平台构成。

高校A是塔式宿舍，平面布局由围绕着核心筒的两套2居室套间和两套4居室套间组成，均为4人间，如图3-13所示。套型1由2间居室(4人间)、阳台、共享空间和公共卫生间组成(图3-14)；套型2由4间居室(4人间)、阳台、共享空间和套间内公共卫生间的组成(图3-15)。

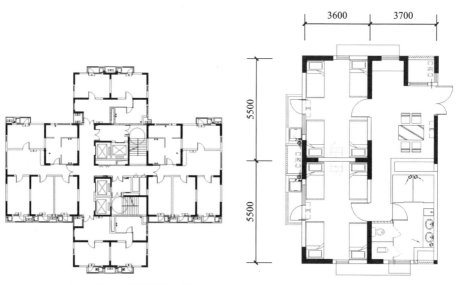

图3-13 高校A典型平面布局　　　　图3-14 高校A居住单元套型1

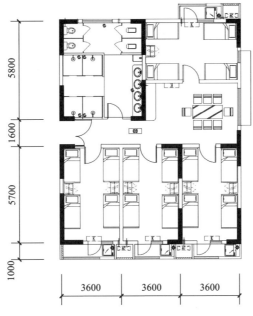

图 3-15 高校 A 居住单元套型 2

高校 B 调研的校区目前有 6 栋学生宿舍,均为外廊式宿舍,平面均为口字形;6 栋学生宿舍均由两个相对的"一"形主楼(1+7 层)和 1 层的裙房构成,东西两头为 1 层的公共区域或出入口,设计均为 4 人间;由外走廊组织水平交通,由楼梯组织垂直交通(无电梯),每间宿舍均有南向阳台。平面布局示意如图 3-16 所示。宿舍基本单元设计均为 4 人间,由居室附设卫生间和阳台组成;宿舍配置空调,空调外机位于外走廊上部隔层上(图 3-17)。

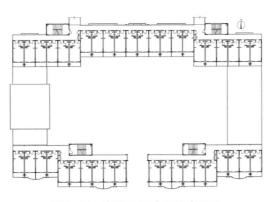

图 3-16 高校 B 宿舍平面布局图

高校 C 的宿舍楼为内廊式宿舍综合楼，此次调研的有两栋宿舍，A 栋和 B 栋。A 栋标准层布局由两栋 18 层"L"形主楼加 7 层裙房组成，如图 3-18 所示；宿舍有 4 人间和 2 人间两种类型，均由居室及附属阳台、卫生间组成；每层宿舍基本单元之间以内走廊进行水平交通连接；B 栋学生标准层布局由两栋 18 层"一"字形主楼加 7 层裙房组成；宿舍仅有 4 人间一种类型，由居室及附属阳台、卫生间组成；每层宿舍基本单元之间以内走廊进行水平交通连接。宿舍有 4 人间和 2 人间两种类型，均由宿舍间、卫生间和阳台组成；卫生间、洗漱池和阳台形成一个区域，位于宿舍间外侧；宿舍配置了空调，空调外机位于卫生间上部隔层，如图 3-19 和图 3-20 所示。

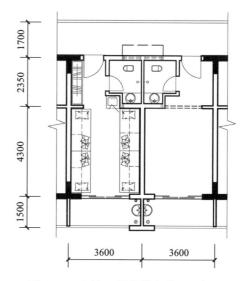

图 3-17　高校 B 居住基本单元示意图

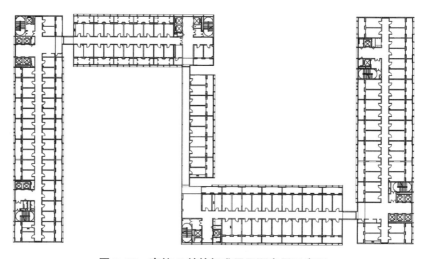

图 3-18　高校 C 某栋标准层平面布局示意图

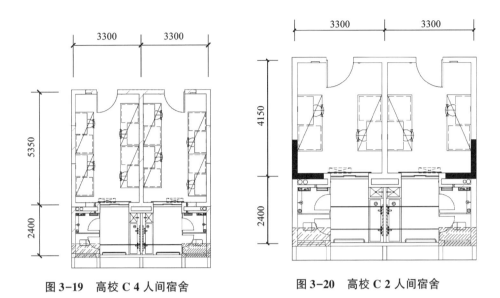

图 3-19　高校 C 4 人间宿舍　　　　图 3-20　高校 C 2 人间宿舍

　　高校 D 的宿舍楼是内外廊结合的布局形式，此次调研了三个书院，分别是
L 书院、N 书院和 M 书院（N、M 书院供研究生使用），一共 10 栋宿舍楼。L 书
院由 4 栋 7 层的宿舍楼围合而成，由首层连廊和公共功能区连接，如图 3-21 所
示。M 书院由 3 栋 8 层（加局部 1 层）的楼栋构成，内廊加外廊式布局，如图 3-22
所示。N 书院由 1 栋 8 层和 2 栋 9 层的宿舍楼构成，内廊加外廊式布局，如
图 3-23 所示。三个书院内每栋楼有 1 台电梯，L 书院为 4 人间，N 书院和 M

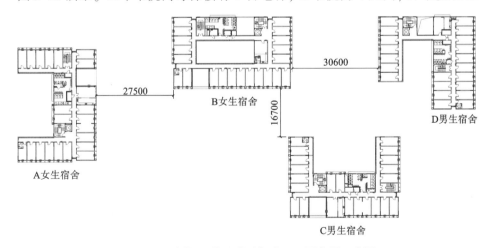

图 3-21　高校 D 的 L 书院标准层平面布局示意图

书院均为 3 人间(图 3-24),标准层均设导师房(图 3-25)。宿舍基本单元组成
为居室,每层设公共卫生间和顶层集中晾晒区。

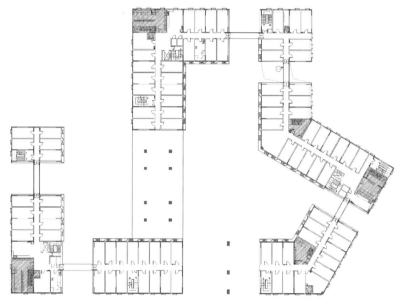

图 3-22　高校 D 的 M 书院标准层平面布局示意图

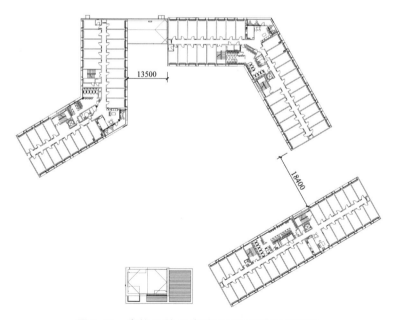

图 3-23　高校 D 的 N 书院三层平面布局示意图

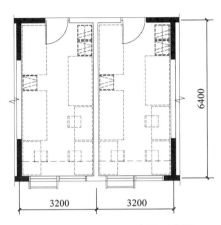

图 3-24 3 人间平面布局示意图

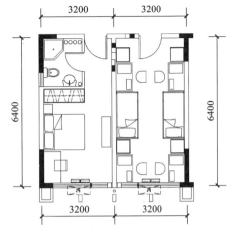

图 3-25 导师房+4 人间平面布局示意图

高校 E 有两个宿舍区，分别是多层宿舍区和新宿舍区（图 3-26 和图 3-27）。多层宿舍区均为内廊天井结合的形式，利用天井采光通风；有 5 栋学生宿舍综合楼均为 6 层，1 栋为 9 层，除 9 层的宿舍综合楼设 1 部电梯外，其他楼栋均无电梯。新宿舍区共有 11 栋宿舍综合楼，均为高层学生宿舍楼，如表 3-3 所示。其中 6 栋为本科生宿舍楼，4 栋为博士生宿舍楼，1 栋为硕士生宿舍楼。按照《普通高等学校建筑面积指标》的规定，博士生宿舍为单人间，硕士生宿舍为 2 人间，本科生宿舍为 4 人间。

表 3-3 新宿舍区宿舍楼概况

名称	1#	2#	3#	4#	5#	6#	7#	8#	9#	10#	11#
层数	18	9	9	25	17	18	7	8	7	8	14
建筑高度/m	49.5	29.4	25.4	71.4	60.7	62.1	26.7	30.1	26.7	30.1	43.3
电梯数量/部	2	2	2	3	4	4	1	1	1	1	3

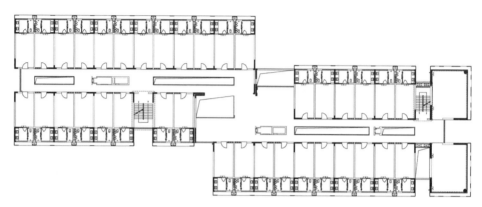

图 3-26　高校 E 多层宿舍区某栋平面布局示意图（6 层）

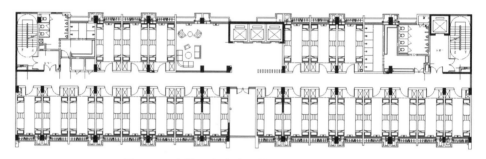

图 3-27　高校 E 新宿舍区某栋平面布局示意图

高校 E 有多层宿舍区和新宿舍区两个学生宿舍生活区，其中多层宿舍区有
4 人间、2 人间和单人间，居住基本单元由居室、居室附设卫生间、阳台和空调
搁板组成（图 3-28 至图 3-30）；新宿舍区有 4 人间、2 人间和单人间，其中此
次调研的 5#本科生宿舍楼是 4 人间，居住基本单元由居室、空调搁板（板间晾
衣区）组成，并共用公共卫生间和公共晾晒区，为内廊式布局形式，如图 3-31
所示。

（1）居室现状与满意度评价分析

1）居室现状

①高校 A 的居室现状。

高校 A 的居室使用现状良好，学生整体满意度高，认为居室的空间开阔舒
适；同时也存在一些问题，例如储藏空间不足，共享客厅利用率不高，家具设
施设计不合理，部分用电设施使用不便等，具体现状情况如下所述。

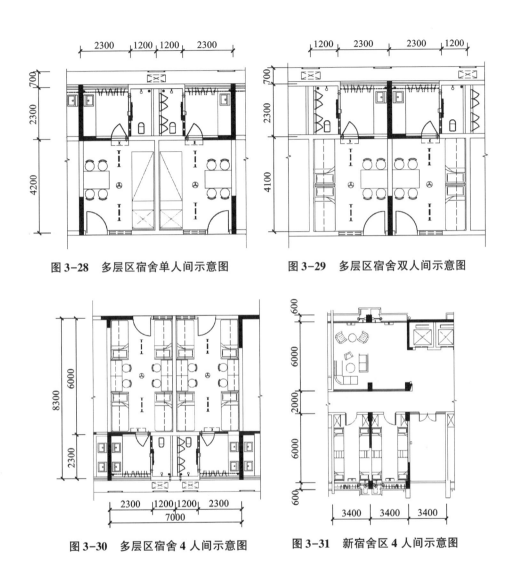

图 3-28 多层区宿舍单人间示意图   图 3-29 多层区宿舍双人间示意图

图 3-30 多层区宿舍 4 人间示意图   图 3-31 新宿舍区 4 人间示意图

第一，空间大小和布局。居室空间(4 人间)的大小为 5.25 m(5.4 m)×3.35 m，层高为 3.3 m。部分学生反馈共享客厅利用率不高，使用时间最长的居室使用空间不足，主要体现在储藏空间不足等方面。

第二，家具设施。居室内的家具仅有 4 组家具(含床、书桌、衣柜和书架)，有学生反馈缺少放置箱子、杂物的储藏空间；书架尺寸不合理，无法竖立放入A4(A5)的书本等，影响使用(图 3-32)；部分学生反馈床铺易发出吱吱嘎嘎的响声、床板(图 3-33)强度低、上床的爬梯过陡感觉不安全等(图 3-34)。

图 3-32　衣柜、书架的收纳空间

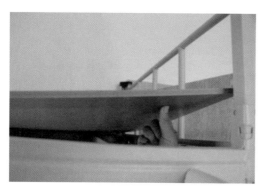

图 3-33　床板　　　　　　　**图 3-34　床铺爬梯**

第三,用电设施。部分房间的小配电箱(图 3-35)位于床边。居室内的每个床位配置了插座、有线网络插口,部分同学反馈插座配置数量较少。另外由于家具的布置未充分考虑用电设施的布设情况,部分同学反馈有的宿舍照明开关、网线插口和插座被家具遮挡,使用时需要将家具挪开,造成了使用上的不便。

第四,细节方面。居室门采用普通门锁,门后安装了门吸吸座,但无配套的门吸吸头(图 3-36),无法有效地固定门。部分宿舍门开启时会碰撞到书桌前的椅子或与衣柜开关冲突。储物柜的金属锁扣外突,有磕碰的隐患。

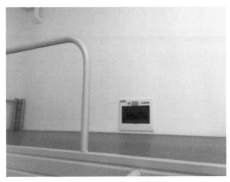

图 3-35　床旁边的小配电箱　　　　图 3-36　有吸座无吸头的门

②高校 B 的居室现状。

高校 B 宿舍楼投入使用已有十多年，调研中学生们的整体满意度高，如居室采光通风条件好，网络信号好，每间宿舍均配置了饮水机等。其中 4 人间的满意度高于 6 人间的。同时部分学生反馈了使用中存在的问题，具体情况如下所述。

第一，空间大小和布局。空间大小约为 6.65 m×3.6 m，层高为 3.2 m，布局方式可见图 3-17。居室在建造时按 4 人间设计，因宿舍不能满足招生规模扩大的需求，有的改造为 6 人间，这导致了空间有些拥挤(图 3-37)。

图 3-37　改造的 6 人间宿舍

第二，家具设施。4 人间有 4 组家具(含床、衣柜、储物架、书桌)和饮水机; 6 人间由 4 人间改造而成, 采用上下铺结合上床下桌的布置形式, 其中三组书桌和书架并排置于床铺下方, 每人均有一个柜子, 集中放于门口, 呈窄长状。

第三, 用电设施。6 人间居室内的插座集中布置在书桌上方, 4 人间居室内的插座布置在书桌下方, 床的附近无插座; 6 人间由于是后期改造的原因, 线路露明, 如图 3-38 所示。部分学生反馈插座数量偏少。

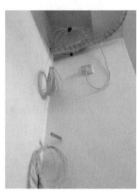

图 3-38 线路露明

第四, 细节方面。宿舍同时安装了电风扇和空调。4 人间的侧面置物台较为方便, 不仅可以放置日常用品, 还可以放置箱子等大件物品。

③高校 C 的居室现状。

高校 C 的居室使用现状良好, 学生的整体满意度较高。宿舍尽可能多地提供了储藏收纳空间, 并统一配置插排等, 同时也存在一些问题, 具体现状情况如下所述。

第一, 空间大小和布局。4 人间居室大小为 5.35 m×3.3 m, 2 人间居室大小为 4.15 m×3.3 m, 层高为 3.6 m。平面布局可见图 3-19 和图 3-20。

第二, 家具设施。居室内的家具由 4 组家具 (含床、书桌、衣柜、书架和三角形置物架) 和储物柜组成, 衣柜、书架、储物柜如图 3-39 所示。部分学生反馈收纳空间不足, 缺少存放箱子等大件物品的收纳空间, 部分收纳空间设计不合理, 如衣柜侧边的三角形置物架使用率低, 储物柜缺少必要分隔等。

图 3-39　收纳空间（衣柜、书架、储物柜）

第三，用电设施。插座布点位于书桌下方，并统一配置 USB 排插（图 3-40），部分学生反馈床附近没有电源插座，不方便手机充电、使用台灯等；部分网线插口被家具遮挡，使用多有不便。宿舍间的小配电箱（图 3-41）与柜子间距太窄，紧急情况下配电箱打不开，无法及时关闭电闸，有一定的安全隐患。

图 3-40　插座和网线的位置示意图　　图 3-41　宿舍进门处的配电箱

第四，细节方面。房间通过居室与阳台之间的门采光（图 3-42）。阳台进深大，门的采光面小，故室内采光较差（图 3-43）；部分学生反馈地板易脏且不易清洁；门仅有挡门板，无法固定。

图 3-42　居室通往阳台的门　　图 3-43　宿舍间的采光情况

④高校 D 的居室现状。

在高校 D 调研走访了 4 人间宿舍(图 3-44)。舍宿的网络信号好,设施配置较全,居室内考虑了较充足的储藏空间,居室使用现状较好,学生的整体满意度高,同时也存在一些问题,具体现状情况如下所述。

第一,空间大小和布局。居室空间(4 人间)的大小为 6.4 m×3.2 m,层高为 3.6 m,平面布局可见图 3-24。居室中床与床之间的过道约为 1 m,床铺配设了床垫,安全护栏较高,空间稍微狭长,无阳台和居室附设卫生间。

第二,家具设施。居室内有 4 组家具(含上床下铺、衣柜和书架)和储物柜(图 3-45),均为木制,爬梯成垂直状,床底支撑采用格栅间隔栏板;部分学生反馈收纳空间不足或者使用不便,提出没有抽屉和隔层设置,使用不方便;床铺的整体满意度较高,也有部分学生反馈床铺窄小或太短。

第三,用电设施。居室内设空调、电风扇(图 3-46)、插座开关网线口等用电设施;其中插座布点位于书桌下方,床附近无插座;部分学生反馈插座数量少或布点的位置被家居挡住(图 3-47)。

第四,细节;门锁为钥匙锁,不够便捷。

图 3-44　高校 D 宿舍实景图　　　图 3-45　高校 D 家具、储物柜示意图

图 3-46　高校 D 居室的电风扇　　　　图 3-47　被挡住的插座

⑤高校 E 的居室现状。

在高校 E 调研走访了 4 人间宿舍，居室使用现状较好，如储藏空间较多，靠近内走廊和天井的侧开窗与阳台门形成空气对流，通风效果较好。同时也存在一些问题，具体现状情况如下所述。

第一，空间大小和布局。多层宿舍的 4 人间居室大小为 6.0 m×3.5 m，附设 2.3 m×3.5 m 的阳台及厕浴室，标准层层高为 3.0 m（图 3-48）；新宿舍区的 4 人间居室空间大小为 6.0 m×3.4 m，标准层层高为 3.2 m（图 3-49）。

图 3-48　多层宿舍的居室　　图 3-49　新宿舍区的居室

　　第二，家具设施。多层宿舍居室内有 4 组家具（含床、书桌、衣柜和书架）和储物柜，均为木制（图 3-50）；储藏空间相对较多（图 3-51），平均每个人一个衣柜、两个储物柜和书架；新宿舍区的 4 人间居室内有 4 组家具（含上床下桌、衣柜和书架）（图 3-52）和储物柜（图 3-53），均为铁制；储物柜分隔成不同大小的隔间；书桌为转角桌，设抽屉和边柜，储藏空间相对充足；床铺的上下方式采用柜梯，踏步较陡；床底支撑为横梁和网格；部分学生反馈，当床垫比较薄时，网格状床底的舒适度差。

图 3-50　多层宿舍的家具　　图 3-51　多层宿舍的储物柜

图 3-52　新宿舍区的家具　　图 3-53　新宿舍区的储物柜

第三，用电设施。多层宿舍区的配电箱位于外走廊(图 3-54)。居室内设空调、电风扇、插座开关，每个床位配置一个信息点，并在门头上安装了无线路由器；插座布点位于书桌下方，网线口也在书桌下方(图 3-55)，床边墙上未设插座，部分强弱电的布置点位与家具未对应，使用者需接拉插排使用插座。新宿舍 4 人间居室内未配置有线网络信息点，开关箱位于门边墙面(图 3-56)，其他用电设施配置与多层宿舍区类似建设时基建处与负责采购家具的部门配合，确定了家具选型，进行了样板间施工，确定家具的摆放位置和插座开关的位置，故宿舍为插座布点较为准确。桌下有两个五孔插座(图 3-57)，床上还有五孔插座(图 3-58)，入门储物柜中间有 3 个五孔插座。

图 3-54　位于室外的配电箱　图 3-55　位于桌下的插座和网线口

图 3-56　新宿舍的开关箱　　图 3-57　双排插孔的开关箱　　图 3-58　新宿舍床上的插座

第四，细节方面。多层宿舍区靠近内走廊和天井一侧有可开启窗（图 3-59），有利于空气对流。门锁由原有的机械锁改为了智能门锁（图 3-60）。调研时管理老师提出了门锁的安全性需求，认为门锁功能不在于多，要更安全和可靠，尽量避免选择非反锁状态下室内外均可开门进出的门锁。新宿舍区 4 人间采用地面嵌入式门吸（图 3-61），门后设了疏散标识。

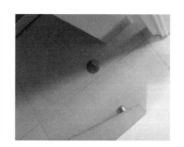

图 3-59 居室靠走廊侧的高窗　　图 3-60　居室门锁　　图 3-61　嵌入式门吸

（2）居室的满意度评价分析

居室是学生在宿舍时的主要活动空间，其空间的使用与其空间大小、家具的陈设布局、配电设施的配置密切相关。在 5 所高校的满意度调查中，用电设施的满意度最高，床铺的满意度也较好，收纳空间的满意度相较而言差一些，具体情况如下所述。

由图 3-62 可知，收纳空间的满意度评价一般。5 所高校的学生中认为收纳空间使用方便和较好的比例分别为 72.20%（高校 A）、41.81%（高校 B）、

60.53%（高校 C）、57.69%（高校 D）、73.58%（高校 E）。高校 E 收纳空间使用的学生满意评价比较高，高校 B 的学生满意度评价不高。结合现状情况可以了解，高校 B 是由 4 人间改造为 6 人间的宿舍，仅有窄柜和很小的桌椅，十分拥挤；高校 E 的收纳空间平均每个人一个衣柜、两个储物柜和书架，收纳空间比较充足。

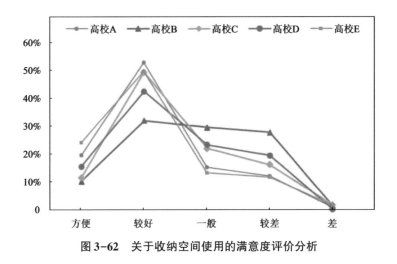

图 3-62　关于收纳空间使用的满意度评价分析

　　床铺是影响睡眠质量的直接因素，进而影响居住者的状态。由图 3-63 可知，床铺的满意度评价较高。5 所高校的学生中认为床铺舒适和较好的比例分别为 68.12%（高校 A）、78.11%（高校 B）、87.34%（高校 C）、82.26%（高校 D）、83.56%（高校 E）。高校 A 的满意度评价相较其他高校的满意度评价显著偏低，学生反馈不满意的主要原因是铁架床在使用过程中有响声，上下爬梯陡、床板强度较低等。综合几所高校的床铺使用问题，主要存在三大方面的问题：首先，床铺设施的选型合理性。如上床下桌的选型中其安全围栏的高度是否能有效保障使用者的安全，上下床铺的方式是否安全、方便，床板或床网架是否舒适，使用床铺（上下床铺或翻身）时是否会有响声影响其他人或自己休息等；其次，床铺的大小、床与居室的相对关系会影响居住的舒适度，如受空间所限，学生宿舍的床铺大部分为 0.9 m×2.0 m 的尺寸，被部分学生指床铺太小；最后，床与插座、灯具、空调的相对位置是否合理都影响居住的舒适度。

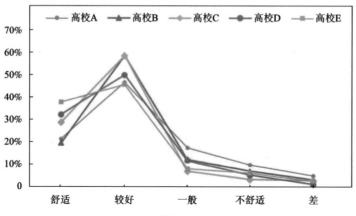

图3-63　关于床铺使用的满意度评价分析

　　用电设施的使用满意度评价整体较高，见图3-64。5所高校中，认为用电设施使用方便和较好的学生比例分别为88.17%（高校 A）、84.51%（高校 B）、81.70%（高校 C）、94.59%（高校 D）、87.33%（高校 E）。结合使用现状可知，5所高校用电设施使用中的共性问题有插座数量少和点位设计不合理、设施不齐全(无风扇、洗衣机和冰箱等)、用电设备功率大(空调、饮水机等)、智能化程度不高等。高校 D 和高校 E 的用电设施满意度评价最高，结合实际情况可知高校 D 和高校 E 均设空调和电风扇，高校 E 部分宿舍在施工前确定了居室内家具类型并落实在样板间中，并对用电设施的设计和布点进行了细节推敲。

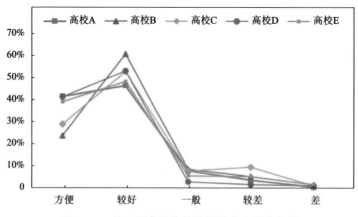

图3-64　关于用电设施的使用满意度评价分析

居室空间小，不仅会造成使用上的不便，还会让人心理上感觉压抑。由于居室空间大小的概念比较抽象，我们将其与家具设施进行对比，让学生选择居室中最不满意的一项或几项。由图 3-65 可知，整体而言，大部分高校的学生对空间大小是不满意的，储藏收纳情况次之，床铺和书桌使用情况较好。从图 3-65 中可以看出，高校 A 的空间大小不满意度评价占比（11.88%）相较于其他高校低。通过现状调研分析可知，高校 A 的平面布局是居室围绕着公共客厅形成的"套间"，与其他高校明显不同。高校 A 的床铺不满意度占比（28.22%）相较于其他高校高，通过现状调研分析可知，其铁质床铺在上下时易发出响声、床板易被损坏是部分学生反馈的主要问题。高校 B 的书桌不满意度评价占比（18.35%）与其他高校相比明显较高，从调研发现，高校 B 由 4 人间改造为 6 人间的宿舍书桌较窄。

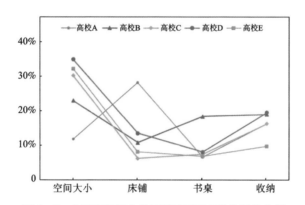

图 3-65　"居室空间中最不满意哪几项"的评价分析

（2）卫生间现状与满意度评价分析

1）卫生间现状

《规范》中定义卫生间是供居住者进行便溺、洗浴、盥洗等活动的空间。本书中为了区别单间宿舍间配套的卫生间和多间宿舍共用的卫生间，分别将其命名为居室附设卫生间和公共卫生间；其中居室附设卫生间含厕位、淋浴间、盥洗台与阳台共同构成卫生间及晾晒空间。

①高校 A 的卫生间现状。

第一，空间大小和布置。高校 A 的卫生间为两间或四间居室共用套间内的公共卫生间。两居室套间的公共卫生间约为 13 m^2，其中布置了拖把池 1 个，淋浴间、洗手池和厕位各 2 个，厕位中各 1 个坐便器和蹲便器。四居室套间的公共卫生间约 26 m^2，其中布置了拖把池 1 个，淋浴间、洗手池和厕位各 4 个，厕位中各 2 个坐便器和蹲便器。平均每 4 个人一套设备，每个人约有 1.62 m^2 的面积。高校 A 的公共卫生间人均使用面积大，设备齐全，每套设备服务的人数适中，学生的满意度高。有学生反馈门与淋浴间的开关相互碰撞(图 3-66)，该问题可以在设计时，通过调整浴室和洗手池的位置避免。

第二，设备设施的使用。淋浴采用太阳能热水系统；卫生间为马桶和按压式蹲位；两居室套间的公共卫生间共设 3 个地漏，四居室套间的公共卫生间设 5 个地漏。为减少洗浴时热水忽冷忽热的现象，采用了独立的淋浴供水管道；大便器的设备种类多样化，满足了不同学生的不同需求。同时存在以下问题：

图 3-66　卫生间局部实景图

2 层、3 层水压过低，难以满足设备设施的正常使用；淋浴热水偶尔忽冷忽热；单双排浴室的通道与洗漱区域之间设有高差(20 ~ 50 mm)，且淋浴间与通道之间有门槛，但通道未设地漏，由淋浴间溅出积聚在过道的水无法通畅的排走；部分两居室地漏布置在洗脸盆靠墙的角落，积水难排走，地漏堵塞后也很难修复；部分地漏高度比卫生间周围地面高和水需使用者扫入地漏排走等；地漏易堵塞。

第三，细节方面。公共卫生间的淋浴间(图 3-67)设置了置物架和挂钩，有利于放置洗浴物品；拖把池的水龙头(图 3-68)的出水口未对准拖把池中心，水会喷溅至池壁、墙上，使用稍有不便(图 3-68)；卫生间洗脸盆连接不够牢固，有挡板配件掉落的风险；卫生间是 2 间(或 4 间)宿舍的公共区域，大风天气时厕位间和淋浴间的门会不断碰撞；部分卫生间的窗无防护栏杆；套件间内公共卫生间多居室使用，无统一清洁管理，卫生不易保持。

图 3-67　公共卫生间的淋浴间　　图 3-68　拖把池的水龙头

②高校 B 的卫生间现状。

第一，空间大小和布置。高校 B 的卫生间为靠近外走廊的居室附设卫生间，面积约为 3 m²，其中布置了蹲便器(图 3-69)及水箱、淋浴器(图 3-70)、台下洗手盆、排气扇各 1 个。原设计为 4 人共用，改造后有 6 人共用，每个人约有 0.75 m² 或 0.5 m² 的面积。部分学生反馈空间有些小，厕位与淋浴未分开。

图 3-69　居室附设卫生间的蹲便器　图 3-70　居室附设卫生间的淋浴器

第二，设备设施的使用。宿舍楼给水设计采用变频供水，热水采用空气能热泵系统设计（后期加建增加），热水限时供应；采用蹲便器，水箱冲水；洗漱台采用独立柱盆，手动水龙头；无拖把池；目前采用普通机械水表（图 3-71），冷、热水分开计量，当前正在进行校区改造，欲采用光电远传水表，无线传输（改造后的冷水表要求预付费，热水表为水控一体机，流量计费）；冷、热水管均为明敷。使用中的问题主要有高楼层的水压小、限时供应热水使得洗浴不便、冬天水温较低、地漏易堵塞、花洒老旧等，除此外冷、热水均需就地抄表，此校区内 2000 多间宿舍每个月抄表，工程量较大。

图 3-71　机械水表（热水表和冷水表）

第三，细节方面。在设置通风窗的同时，设置了排气扇；电路插头均使用安全插座；花洒不能自由调节角度。

③高校 C 的卫生间现状。

高校 C 的卫生间与阳台形成了一个整体；卫生间的便溺、洗浴功能以厕位间、淋浴间的形式位于阳台一侧，洗漱功能以洗手池的形式位于另一侧，拖把池位于洗手池靠墙一侧（图 3-72），中间为阳台兼交通空间，空间利用率较高。

第一，空间大小和布置。2 人间和 4 人间的卫生间（含阳台）功能空间大小一致，面积为 2.4 m×3.3 m；其中厕位间（图 3-73）和淋浴间（图 7-74）面积均约为 0.95 m×1.2 m，洗漱池尺寸约为 1.55 m×0.55 m，拖把池尺寸约为 0.4 m×0.55 m，阳台兼交通联系尺寸约为 1.4 m×2.28 m，对应 4 人（2 人）使用，人均面积为 1.9 m²（3.8 m²），扣除阳台面积人均面积约为 1.6 m²（3.2 m²）；部分学生反馈厕位间较小，不便于清洁；淋浴间较小不便于使用。

图 3-72　洗手池和拖把池　　　　图 3-73　厕位间

图 3-74　淋浴间

　　第二，设备设施的使用。宿舍楼给水系统采用分区变频供水，水泵房设置在地下室，热水采用太阳能加空气能热泵系统设计，热水不限时供应；卫生间干湿分离，洗漱台设置在阳台，冷、热水表安装在洗漱台下，冷水表要求预付费，热水表按流量计费，刷卡机设置在淋浴间外侧；冷、热水表均具备远程自动抄表功能(暂未启用)；卫生间采用蹲便器，水箱冲水；部分学生反馈使用中存在的主要问题有淋浴水忽冷忽热、水压小，水温有时较高且不可调节，热水出水较慢；刷卡器的位置位于洗浴间外面，淋浴前忘记将卡放入刷卡器时，需从淋浴间出来放置卡片，有些不方便；厕所冲水水压大时，水易外溅；由于下水口位于便器前端，部分学生认为蹲便器的方向反了；地漏易堵塞，部分学生会拿掉洗手池边地漏的活动盖板，导致地漏更易堵塞；部分宿舍洗手盆出现漏水情况。

第三，细节方面。洗手池（图3-75）靠墙侧设置物架（图3-76），洗手池上方设照明灯（图3-77）；淋浴间地漏（图3-78）采用不锈钢水槽设计，多级过滤，减少了堵塞；卫生间功能区位于开敞阳台，下雨天，学生去卫生间、洗浴间和洗脸洗漱均会淋湿衣服；厕位间与淋浴间隔断未封顶，冬天如厕和洗浴较冷；无排气设施，通风不畅；浴间与厕位间未完全隔离，有污水和气味；淋浴间缺少置物台、挂钩，没有放置洗浴物品的位置；洗手池水龙头伸出长度较短，使用不方便；厕位间旁的窗（图3-79）无视线遮挡物；厕位间的部分窗很难关闭等。

图3-75　洗手池

图3-76　置物架

图3-77　洗手池上方的照明灯

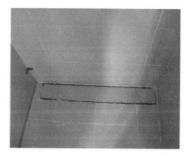

图3-78　淋浴间地漏

④高校 D 的卫生间现状。

高校 D 为公共卫生间,以 L 栋的卫生间为例介绍其基本情况,其他各栋类似。

图3-79　厕位间旁的窗

第一,空间大小和布置。4 个卫生间(含水井)的面积分别约为 54 m²、51 m²、55 m² 和 45 m²,相应所服务的宿舍间数均为 20 间,共 80 人,人均面积为 0.56 ~ 0.67 m²;卫生间内布置了厕位、小便斗、淋浴间、洗漱台、拖把池等。L 栋宿舍标准层的公共卫生间如图 3-80 所示,实景如图 3-81。部分学生主要反馈的空间相关的问题在于洗浴空间小(淋浴间内用浴帘进行了分隔以防换洗衣物溅湿,浴帘分隔的洗浴空间较小),实景图如图 3-82。另外部分卫生间进门便是小便斗,无视觉遮掩措施。

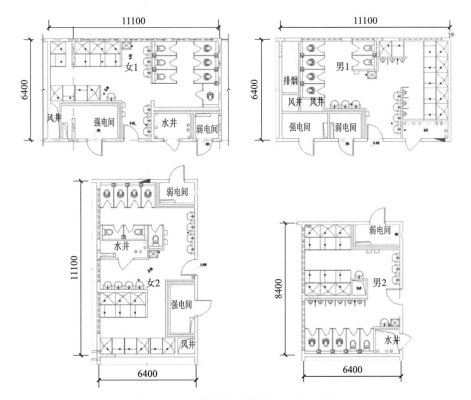

图3-80　L 栋宿舍标准层的公共卫生间

第二，设备设施的使用。宿舍楼给水系统采用分区变频供水，热水系统采用太阳能加空气能热泵系统，热水不限时供应；宿舍楼每层集中设置卫生间及淋浴间，干湿分离，学生使用冷、热水均不予计量，均不收费；卫生间均设置了马桶；洗漱

图3-81　公共卫生间实景图

台洁具采用自动感应水龙头，洗漱台排水均采用侧墙排水，淋浴间设置DN75排水地漏；使用中存在的主要问题是厕位（图3-83）全部采用坐便器，部分学生反馈不符合以往的生活习惯，使用不方便，并且马桶堵塞时有发生。淋浴水压在5层以上不够，存在淋浴忽冷忽热的现象，淋浴间的地漏易堵塞。

图3-82　淋浴间实景图　　　　　图3-83　厕位

第三，细节方面。卫生间中放置了杂物框（图3-84），收集部分未被拿走的物品；设置了烘手机（图3-85），放置了洗手液，提供卫生纸盒和卫生纸，设置了垃圾桶。浴室门上设置了防撞条（图3-86）；无洁具工具间，清洁工具露明（图3-87），部分工具无处存放占用了厕位间；公共卫生间无专门的吹风机使用处，插座配置不齐全；浴室通风不畅，同时由于排气不畅，洗浴后空气有些潮湿；镜子的木质底在潮湿环境下容易氧化、发霉；淋浴间内有不明显的高差（小台阶）；淋浴间门前的排水沟沟盖板有少数存在局部塌陷；公共卫生间的洗漱台排水坡度较小，附近无置物台，无放置洗脸洁具的位置。

图 3-84　杂物框

图 3-85　烘手机

图 3-86　防撞条

图 3-87　清洁工具放置处

⑤高校 E 的卫生间现状。

多层宿舍区的卫生间均为居室附设卫生间,除博士后楼外,其他栋的宿舍厕浴间(图 3-88)与阳台为一个整体,洗手池(图 3-89)在厕浴间对侧;新宿舍区的卫生间有居室附设卫生间和公共卫生间两种,此处以 5#栋为例说明其公共卫生间的设置情况,含盥洗室、厕位和淋浴室三部分,如下所述。

第一,空间大小和布置。多层宿舍区的卫生间(含阳台)面积为 2.3 m×3.5 m;其中厕浴室净尺寸为 0.95 m×2.1 m,洗漱池尺寸为 0.6 m×2.1 m,无拖把池,阳台兼交通联系,尺寸为 1.5 m×2.1 m,由 4 人共同使用,人均面积为 2.0 m²,扣除阳台面积人均面积约为 1.2 m²;厕浴间包含蹲便器和淋浴设施,空间呈狭长状。

图 3-88　厕浴间　　　　　　　图 3-89　洗手池

5#栋楼层按垂直分区居住男生和女生。标准层有两个公共卫生间，布置见图 3-90，面积分别约为 31.9 m² 和 47 m²，相应所服务的宿舍间数均为 22 间，共 88 人，人均面积约为 0.90 m²；两个卫生间均布置了厕位、小便斗、淋浴间、洗漱台、拖把池等，公共卫生间内无清洁间；浴室的空间小，门向内开，出入不方便。

第二，设备设施的使用。多层宿舍蹲便器采用水箱冲水；洗漱台冷、热水供应，学生用水不计费，水表均可远程抄表；5#栋厕位间（图 3-91）全部采用坐便器；洗漱台洁具采用手动水龙头，淋浴间（图 3-92）设置 DN75 排水地漏，使用中易堵塞；宿舍楼给水设计均采用分区变频供水，热水采用太阳能加空气能热泵系统设计。

部分学生反馈多层宿舍区卫生间使用中存在的主要问题有地漏易堵、无拖把池、厕浴间无放置洗浴用品的地方等。5#栋公共卫生间的主要问题有大多为坐便器，不符合大部分学生的如厕习惯；男生宿舍 10 个淋浴间、7 个厕位间和 8 个小便池，服务标准层 88 人，平均 1 组设备服务 8.8 人以上，有学生反馈设施设备数量过少；公共浴室管道易堵塞。

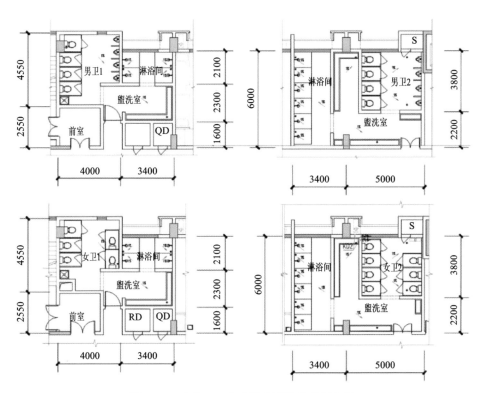

图 3-90 高校 E5#宿舍标准层的公共卫生间

图 3-91 厕位间

图 3-92 淋浴间

第三，细节方面。部分学生反馈多层宿舍区厕浴间门向内开，出入有些不便；高窗开向阳台，通风换气效果一般；5#栋公共卫生间中放置了公共卫生纸；有拖把池，无洁具间；公共卫生间的卫生难保持；淋浴间隔板为木质，易坏。

2）卫生间的满意度评价分析

影响卫生间使用的因素主要有其大小和设备设施的使用便利性等。从图3-93可以看到，各高校的洗浴设施的满意度评价相较卫生间的满意度评价高一些，同时洗浴设施与卫生间的满意度评价有明显的关联性。

5所高校中，认为卫生间使用方便和较好的学生比例分别为72.14%（高校A）、57.36%（高校B）、56.32%（高校C）、63.55%（高校D）、63.34%（高校E）。学生对高校A卫生间的使用便利性满意度评价比较高，高校C的满意度评价较低。高校A为套间内的公共卫生间，高校C为居室附设卫生间，卫生间（厕浴隔间、洗手池）位于阳台。几所高校卫生间的共性问题主要是卫生间空间小、水压和热水水温不稳定、地漏堵塞、设备设施不齐全与老旧和隔间开门的方式等，还有因卫生管理不到位导致公共卫生间拥挤和脏乱。高校C的满意度评价偏低的原因除了以上共性问题外，还有雨天使用卫生间者会被淋湿、冬天如厕和洗浴较冷、无排气设施、淋浴间缺少置物台挂钩等问题。

洗浴设施是卫生间功能的重要组成部分，5所高校中认为洗浴设施使用方便和较好的学生比例分别为74.37%（高校A）、71.28%（高校B）、64.02%（高校C）、70.10%（高校D）、75.47%（高校E）。高校C的满意度评价相对偏低的原因除了以上共性问题外，还有热水出水慢、刷卡器位于淋浴间外、缺少置物架和挂钩等原因。

另外，本次调查就"卫生间的形式是否为影响学生满意度的重要因素"进行了分析。高校A为套间设公共卫生间，高校B和高校C的卫生间的布局形式均为居室附设卫生间（一间宿舍设一间卫生间），高校D为一个楼层设一个公共卫生间，高校E新旧宿舍楼栋的卫生间设计不同，既有居室附设卫生间也有公共卫生间。其中配置公共卫生间的高校中，仅有4.4%的学生明确表明期待有独立卫生间，满意度评价排序为高校A、高校D、高校E、高校B、高校C，由此可知公共卫生间与独立卫生间的设计并不是大部分学生评价卫生间使用情况的重要因素。

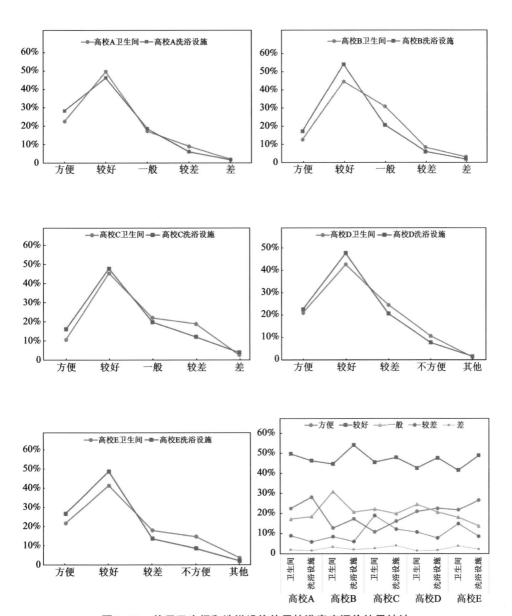

图 3-93　关于卫生间和洗浴设施使用的满意度评价结果统计

（3）晾晒空间现状与满意度评价分析

1）晾晒空间现状

①高校 A 的晾晒空间现状。

高校 A 的晾晒空间为开敞式阳台，附设在居室与室外空间之间，阳台外观与阳台大小如图 3-94 和图 3-95 所示。

图 3-94　阳台外观　　　　　　　图 3-95　阳台大小示意

第一，空间大小。阳台的净尺寸为 0.75 m×2.55 m，高为 3.6 m。部分学生反馈阳台小，晾晒空间少；阳台上的晾衣竿与层高匹配，安装的高度较高，个子矮小的学生晾衣较为吃力。

第二，阳台上的设备设施。阳台预留了洗衣机上、下水的条件，设置了一个灯具和一根晾衣竿；晾衣竿较高，其上的防风挂钩设计不便晾衣服（图 3-96）。计量水表放置在阳台上，水表为就地抄表方式，管理人员抄表工作量大；阳台地漏容易堵塞。

第三，细节。阳台设计为栏板+栏杆设计（图 3-97），无晾衣竿的固定放置位置，出现过晾衣竿从栏杆处跌落的情况，较危险；阳台的给水管道从宿舍间的地板下方走管，在两年的使用时间里，有水管爆裂发生。由于晾衣竿安装位置较高（层高较高），阳台未封闭也无防风措施，部分学生普遍反馈有风天气，衣服容易被吹掉；有学生自己拉了晾衣绳（图 3-98），仅能晾晒少量衣服；部分学生自行安装了防护软网(图 3-99)，一定程度上影响了外观，学生在张拉挂网的过程中也存在一定的危险。

图 3-96　过高的晾衣竿和防风挂钩

图 3-97　镂空的栏杆

图 3-98　晾衣绳

图 3-99　学生自挂的防护软网

②高校 B 的晾晒空间现状。

高校 B 的晾晒空间为南向开敞阳台，阳台外观如图 3-100 所示。

第一，空间大小。阳台的净尺寸为 1.3 m×3.5 m，高为 3.2 m。存在的问题在于 4 人间改造为 6 人间后，冬天的衣服晾晒空间不足。

图3-100　阳台外观

第二，阳台上的设备设施。阳台上有双晾
衣竿(图3-101)，设洗手盆一个，灯具一个。
由于是后期改造，管线露明。

第三，细节方面。阳台的朝向均为南向；
首层阳台与居室之间为安全防盗门。

③高校 C 的晾晒空间现状。

高校 C 的晾晒空间为阳台(图3-102)，兼
卫浴功能的交通空间。

第一，空间大小。阳台的净尺寸为 1.4 m×
2.28 m，高为 3.6 m。4 人间的横向晾衣长度
为 1.4 m，阳台可晾晒区域较窄，进深较大，
设置了一根晾衣竿(图3-103)，4 人使用有些不足。

图3-101　双晾衣竿

第二，阳台上的设备设施。阳台晾晒功能空间与洗浴、便溺功能空间融合
设计。阳台上设一根晾衣竿，一个照明灯具。阳台无插座。

第三，细节方面。阳台为开敞阳台，遇到下雨天，学生去卫生间、洗浴间
和洗脸洗漱均会淋湿衣服，部分阳台漏水；阳台无防护措施，部分学生反馈晾
晒鞋子有时会掉落；部分阳台门把手装反。

图 3-102　高校 C 的晾晒空间

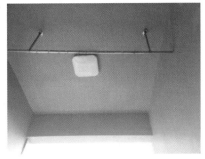

图 3-103　高校 C 阳台上的晾衣竿

④高校 D 的晾晒空间的现状。

高校 D 的晾晒空间集中在楼顶，与洗衣房毗邻，见图 3-104。

图 3-104　高校 D 的晾晒空间

第一，空间大小方面。衣物仅能在屋顶晾晒，屋顶空间小，不能完全满足学生们的晾晒需求。

第二，晾晒空间的设备设施。层顶晾晒区段设玻璃雨篷、晾衣竿和晾衣架。

第三，细节方面。晾晒区域偏小；宿舍无阳台，毛巾等无法随时晾晒，原设计的晾晒区挂杆过高，后期进行了改造以便于学生使用；下雨天，有的玻璃雨篷存在漏水现象；晾晒的衣物呈无序的状态。

⑤高校 E 的晾晒空间现状。

高校 E 多层宿舍区的晾晒空间为阳台(图 3-105)结合晾晒平台(图 3-106)。新宿舍区以 5#栋为例,其晾晒空间有空调搁板间的晾晒区和公共晾晒平台区,见图 3-107、图 3-108。

图 3-105　阳台　　　　　　　图 3-106　晾晒平台区

图 3-107　空调隔板间　　　图 3-108　公共晾晒平台区

第一，空间方面。多层宿舍区的阳台兼交通联系了尺寸为 1.5 m×2.1 m；阳台进深大，设一根晾衣竿，空间利用率相对较低。

新宿舍区的晾晒平台尺寸为 3.4 m×6.0 m，设多排晾衣竿，88 个学生共用晾晒平台，空间较小；空调搁板晾晒区尺寸为 0.5 m×2.3 m，设一根晾物杆，其晾衣空间在窗子开启时受影响较大，能够利用的有效空间较少；无晾晒被子等大件物品的空间。

第二，晾晒空间的设备设施。晾晒平台设多根晾衣竿。

第三，细节方面。两个宿舍区的阳台或晾晒平台在后期均加装了防护网；背阳一侧的晾晒平台或晾晒平台深处难以被阳光直射；无晾晒被子、床单等大件物品的晾晒区域。

2）晾晒空间的满意度评价分析

晾晒空间整体的使用满意度评价不高，见图 3-109。5 所高校中，认为晾晒空间使用方便和较好的学生比例分别为 40.43%（高校 A）、56.47%（高校 B）、5.59%（高校 C）、50.16%（高校 D）、30.81%（高校 E）。有些学生认为晾晒空间使用不够方便，他们反馈的晾晒区共性问题主要有晾晒空间不足、晾晒区无阳光、衣服会被风吹走和被雨淋湿、无晾晒被子的大件物品晾晒区等；使用满意度评价相对较高的高校 B 均为较大的南向阳台，使用满意度评价较差的高校 C 的部分学生反馈的最多的问题是晾晒空间严重不足（阳台设一根短晾衣竿）和衣服在雨天容易被打湿。

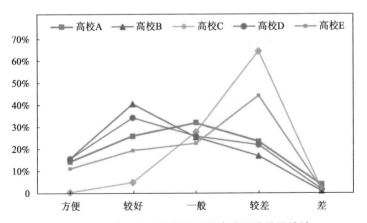

图 3-109　关于晾晒空间使用满意度评价结果统计

2. 居住辅助空间或设施现状与满意度评价分析

（1）洗衣机（房）现状与满意度评价分析

过去衣服都是手洗，随着生活水平的提高，洗衣机解放了人们的双手，使洗衣变得简单、轻松。5 所高校中，仅建造年代较久的高校 B 将洗衣机分散布置于每层公共区域外，其他 5 所高校均专设集中放置洗衣机的区域（高校 C 的洗衣房未投入使用）。具体情况如下所述。

1）洗衣机（房）现状

高校 A 的洗衣房实际是将若干洗烘机集中放置于宿舍楼的架空层，形成集中洗衣区（图 3-110），同时每间宿舍阳台上预留了使用洗衣机的条件，允许学生自购洗衣机。公共洗衣房的问题在于机器损坏后维修往往不及时，影响使用；部分学生认为公共洗烘机不卫生或洗衣机购买安装比较麻烦。

高校 B 每层楼放置了公共洗衣机（图 3-111），位于楼梯间附近；每栋楼放置了 1 台公共烘干机（图 3-112）；每层约 28 间宿舍，为 4~6 人间，洗衣机数量偏少；在晚上用水高峰期，有的洗衣机因水压不够，洗衣机蓄水时间长，洗衣耗时长。

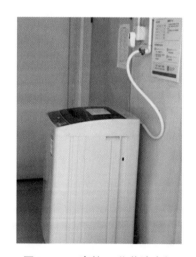

图 3-110　高校 A 的洗衣区　　　　图 3-111　高校 B 公共洗衣机

高校 C 的洗衣房（图 3-113）位于宿舍楼的首层，调研时还在设备招标阶段，未投入使用。

图 3-112　高校 B 的烘干机

图 3-113　高校 C 的洗衣房

高校 D 的洗衣房位于建筑顶层(图 3-114、图 3-115)。以 L 本科生书院为例,它由 4 个塔楼组成,每个塔楼上均有洗衣机房,面积为 51 ~ 70 m²,洗衣机有 6 ~ 10 台,烘干机有 3 ~ 5 台,分别服务其所在塔楼的约 400 个学生,每台洗衣机服务的学生在 60 人以上。学生们到顶层洗衣机房一般通过电梯到达,电梯等待时间长;有的电梯不到达洗衣房所在楼层,须走楼梯上一层;若遇到无洗衣机位可供使用时,需排队或回宿舍后使用,学生在晾衣时再往返一次,则需往返 3 次。部分学生反馈使用时常出现洗完的衣服未及时取出的情况,洗衣机被占用,影响反馈使用。

图 3-114　高校 D 洗衣房实景 1

图 3-115　高校 D 洗衣房实景 2

高校 E 多层宿舍区和新宿舍区 5#栋的洗衣房都位于每栋的首层,如

图 3-116 和图 3-117 所示。

图 3-116 高校 E 多层宿舍区洗衣房实景　　　　图 3-117 新宿舍 5#洗衣房实景

以多层宿舍区以 E3 栋为例，洗衣房面积为 38 m²，设置了 12 台洗衣机，7 台烘干机，2 台洗鞋机，服务约 500 多个学生；新宿舍 5#栋洗衣房面积为 46.37 m²，设置 18 台洗衣机，18 台烘干机，两台大件物品洗衣和烘干机，2 台洗鞋机，置物台、号码牌、衣物认领箱、洗涤剂置物架，服务男生约 720 人，女生 480 人；两个洗衣房均分男女生专用。新宿舍 5#栋洗衣房位于首层办公区域的尽头，去往洗衣房必须穿过老师办公区域(因为涉及大量的水电工程，难以改造)；外窗采用下开窗，开窗面积小，虽然有较完善的空调设备，但空气质量仍然不佳；两个区域的部分学生反馈洗衣设备少、有些不够用；洗烘完成后，未被及时取走的衣物滞留占用了机器设备；有时洗一次衣物需上下楼往返多次，有些不方便。

2)洗衣房的满意度评价分析

由图 3-118 所示，关于洗衣服便捷性满意度评价整体不高；5 所高校中，认为洗衣便利和较好的学生比例分别为 79.56%(高校 A)、59.57%(高校 B)、16.98%(高校 C)、66.35%(高校 D)、59.73%(高校 E)。

此外，各高校使用洗衣房的共性问题主要有：洗衣房设备少需排队使用、长期滞留的衣物未被及时领取和清理、公共洗衣的卫生条件有待改善等。建议在洗衣房区域增设公共休闲等候区，以便使用者在此休闲等候，同时还能促进学生交流。

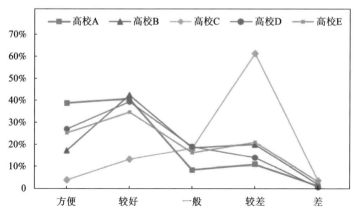

图 3-118　关于洗衣服便捷性满意度评价结果统计

（2）公共配套设施现状与满意度评价分析

1）公共配套设施使用情况

5 所高校中，有 1 所高校设置了开水房，3 所高校配置了开水设施，1 所配置了饮水机。具体情况如下所述。高校 A 在每层首层架空层配置了开水设施，如图 3-119 所示，数量少，使用频率不高。高校 B 在每间宿舍配置了饮水机，如图 3-120 所示，使用较为便利。高校 B 的开水设施（图 3-121）配置较少，不经常被用到。高校 C 的在标准层均设置了两间开水房，每间有两台开水设施，如图 3-122 所示。但标准层无专门的清洁间，有少部分开水房放置了拖把等清洁用具。大部分学生采用开水设施接茶水，但有的开水设施不便于放置茶杯。高校 C 在首层也设置了开水设施，其并水设施型号与标准层有所差异，如图 3-123 所示。高校 D 的开水设施位于公共厨房内，如图 3-124 所示。高校 E 的部分开水设施位于晾晒平台上，其管线为后期改造增设，见图 3-125 和图 3-126；部分学生较少使用的原因是认为宿舍与开水设施的距离较远、设备易坏、水烧不开和水有异味等。

图 3-119　高校 A 的开水设施　　图 3-120　高校 B 的饮水机

图 3-121　高校 B 的开水设施　　图 3-122　高校 C 标准层的开水设施

图 3-123　高校 C 的首层的开水设施　　图 3-124　高校 D 的开水设施

图 3-125　高校 E 某栋的开水设施　　　图 3-126　新宿舍区 5#栋的开水设施

　　有的高校生活区较大，宿舍与集中超市或便利店距离较远，在宿舍楼公共空间设置的自动售货机与便利店、超市互相补充，是学生的临时补给点。高校A 生活区内未见便利店，亦无自动售货机等设备，部分学生反馈期待配置便利店和自动售货机。高校 B 生活区内有便利店(图 3-127)、水吧，未见自动售货机等设备。部分学生反馈，希望能配置自动售货机等设备。在高校 C 生活区内调研时未见便利店和自助售货机等设备。高校 D 生活区内设集中便利店(图 3-128)，同时在每栋宿舍楼首层设自动售货机(图 3-129)。部分学生反馈使用较多，较方便，但货品种类少。高校 E 两个宿舍生活区内均设便利店或超市(图 3-130、图 3-131)，多层宿舍区每栋宿舍楼首层均设自动售货机(图 3-132)，新宿舍区 5#栋未设自动售货机，部分学生反馈还是期待相应的便捷设施。

图 3-127　高校 B 生活区的便利店　　　图 3-128　高校 D 生活区的便利店

图3-129　高校D宿舍楼架空层的自动售货机

图3-130　高校E新宿舍区的便利店

图3-131　高校E多层宿舍区的便利店

图3-132　高校E多层宿舍区的自动售货机

2）公共配套设施的满意度评价分析

关于公共配套设施的使用频率各高校情况有所不同，结合学生的主观反馈基本可知，公共配套设施使用频率高的宿舍，其满意度也高一些。由图3-133可知，5所高校中，经常和较多使用公共空间配套设施的学生比例分别为25.88%（高校A）、43.78%（高校B）、67.29%（高校C）、79.17%（高校D）、74.93%（高校E）。结合使用现状可知，公共配套设施使用率最高的高校D，其开水设施、售卖机等公共配套设施齐全。公共配套设施使用率较低的高校A未配置售卖机，每栋配置1个开水设施，学生反馈希望完善便利店或售卖机、开水设施等配套设施；同时，学生在公共区域打开水和购买物品时，也能产生自发性的交往活动。

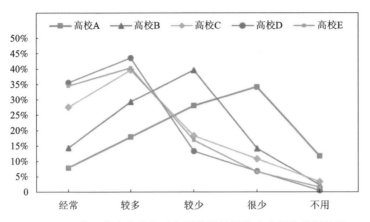

图3-133　关于宿舍内公共配套设施的使用满意度评价分析结果

（3）公共厨房现状

5所高校中仅高校D在宿舍综合楼中设置了供学生使用的公共厨房和小餐厅。学生宿舍楼每层均有公共厨房（图3-134、图3-135），厨房的使用频率很高。由于使用厨房的人较多，无置物架，部分学生反馈自购的电器无空间摆放、厨房插座偏少。另外，厨房旁还有小餐厅兼休闲区，如图3-136、图3-137所示。

图3-134　厨房实景图1

图3-135　厨房实景图2

图3-136　厨房旁的小餐厅

图3-137　小餐桌及休闲区

（4）垃圾收集间现状

5所高校的学生宿舍均未设置专门的垃圾收集间，具体情况如下所述。高校A在每层楼梯间设置了两个垃圾桶，如图3-138所示。一般情况下保洁员凌晨3点—6点完成垃圾整理和运出。高校B原来在每层放置若干个垃圾桶，因宿舍楼垂直交通仅有楼梯（无电梯），人工收集和运输垃圾量大，后来改为在宿舍首层设集中垃圾收集箱（图3-139）。高校C仅在首层设置集中垃圾收集点（图3-140），架空层相应区域设冲洗条件。高校D在每层设垃圾桶，部分垃圾桶附近散落少量快递盒。高校E多层宿舍区在走廊中部设一组垃圾箱，大部分楼栋垂直交通仅设楼梯，人工收集和运输垃圾量大。5#宿舍垃圾桶放置于卫生间内，同时在楼下设置垃圾集中收集区（图3-141）。

图3-138　垃圾桶（高校A）

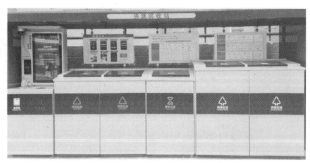

图3-139　首层垃圾收集箱（高校B）

图 3-140　首层集中垃圾收集点(高校 C)　　　图 3-141　垃圾集中收集区(高校 E)

3. 公共空间

事实上,公共空间中的学习活动,也是集体活动的一种。鉴于不同的活动诉求有差异,有的偏于休闲交往型,有的偏于学习成长型,故在论述时根据活动内容的差异,将公共空间分为公共活动空间和公共学习空间。

(1)公共活动空间现状与满意度评价分析

1)公共活动空间现状

①高校 A 的公共活动空间现状。

高校 A 在每套宿舍内均设有共享客厅,即公共活动室。共享客厅内设一个固定吧台(图 3-142)、一套桌椅(图 3-143)、一台(个)空调、灯具和电视信号点等。学生们在共享客厅打电话、吃饭、聚会、学习(室友休息后夜间)、开会、聊天等,调研显示 28.57% 的学生经常和较多地使用公共活动空间,有的学生并不认为共享客厅为公共活动室;经过现场调研和问询,得知公共活动室使用过程中存在以下几个问题。

公共活动室的网络信号较差、插座偏少,空调需由一个学生的校园卡充值刷卡后方能供电使用;在宿舍空间小的情况下,公共空间的吧台变成了置物台,其下方被用来存放箱子等物品;两居室的吧台位于窗边,进深大,使得关窗不便;公共椅子椅背较短,人往后靠时,容易摔倒;公共活动室无统一的管理,卫生保洁较困难。

图3-142 共享客厅的吧台　　　　图3-143 共享客厅的桌椅

②高校B的公共活动空间现状。

高校B宿舍建筑内的主要公共活动空间，集中在某一栋的首层，主要有图书室、休闲室（创新创业基地）（图3-144）、党建活动室（图3-145）和社团活动室（图3-146）等；其他每栋宿舍大门入口处设会客厅（图3-147）；室外公共活动空间有羽毛球场（图3-148）或庭院广场（图3-149）；除此外，生活区附近还有湖边小广场等；高校B其他校区生活区活动室大多位于学生服务中心首层和二层，设有书吧、水吧、会议活动厅等。调查显示，有56.47%左右的学生经常和较多地使用公共活动空间，一般进行班级活动、聚会活动和运动等，同时反馈期待有更多的公共活动空间，需要更多的桌椅等休闲设施；另外部分学生认为公共活动空间的卫生状况有待改善。

图3-144 生活区的创新创业基地　　　　图3-145 党建活动室

图 3-146　社团活动室

图 3-147　会客厅

图 3-148　羽毛球场

图 3-149　庭院广场

③高校 C 的公共活动空间现状。

高校 C 的宿舍楼 A、B 栋在首层和二层设社团活动室、社团工作室和架空休闲空间，B 栋标准层设交流大厅（图 3-150）；调研时公共活动空间大多未启用，仅有创新创业就业指导中心（图 3-151）和学生创业园（图 3-152）在使用中；室外利用楼栋与楼栋之间的空间结合绿化设活动广场。调查反馈仅有11.41% 的学生经常和较多地使用公共活动空间，且主要在室外活动广场（图 3-153）；使用频率低的主要原因在于，调研时部分公共活动空间还未正式启用。

图3-150　高校C B栋交流大厅

图3-151　创新创业和就业指导中心

图3-152　学生创业园

图3-153　室外活动广场

④高校D的公共活动空间现状。

高校D的宿舍楼标准层设公共厨房兼休闲活动室，并以书院为单位集中设置公共活动空间，如桌球室(图3-154)、游戏室(图3-155)或电视房、多功能活动室、社团活动室等，有的书院还设有健身房(图3-156)。集中的公共活动室使用须预约。室外广场(图3-157)设休闲座椅。调查显示约38.06%的学生经常和较多地使用公共活动空间，学生们反馈有公共活动空间很方便，国际生更喜欢使用公共活动空间。部分学生期待公共活动空间有舒适的沙发区。

图 3-154　桌球室

图 3-155　游戏室

图 3-156　健身房

图 3-157　室外广场

⑤高校 E 的公共活动空间现状。

高校 E 的多层宿舍区的每栋宿舍楼标准层均设两个活动室,如图 3-158、图 3-159 所示;每个书院均集中设活动中心,如图 3-160 所示;有的楼栋利用架空层设桌球台(图 3-161)、利用连廊空间设室外休闲活动区(图 3-162)。新宿舍区除一栋博士生楼和一栋本科生楼外,其余楼栋均设空中庭院或室内开敞公共活动空间,见图 3-163 和图 3-164;书院集中设置多功能活动室(图 3-165 和图 3-167)、休闲吧(图 3-168)、健身房(调研时未投入使用)等;室外结合景观设计设置音乐广场等。25.75% 的学生经常和较多地使用公共活动空间,33.6% 的学生较少使用。据调查反馈,学生们较少使用的原因是活动室插座少、宿舍空间较舒适、学习繁忙等。

图3-158　多层宿舍区某栋公共活动与自习室

图3-159　多层宿舍区某栋公共活动室

图3-160　多层宿舍区某书院集中活动室

图3-161　桌球娱乐区

图3-162　多层宿舍区室外休闲活动空间

图3-163　5#栋标准层开敞多功能活动空间1

图 3-164　5#栋标准层多功能活动空间 2

图 3-165　多功能活动室 1

图 3-166　多功能活动室 2

图 3-167　5#栋首层多功能活动室

2）公共活动空间的满意度评价分析

结合学生的主观反馈可知，使用频率高低反映了公共休闲空间的满意度高低。5 所高校中，经常和较多地使用公共活动空间的学生比例分别为 28.57%（高校 A）、56.47%（高校 B）、11.41%（高校 C）、38.06%（高校 D）、25.75%（高校 E），如

图 3-168　5#栋首层多功能室内的水吧

图 3-169 所示。结合使用现状可知，公共活动空间使用频率相对较高的高校 B 在大部分宿舍楼下有庭院广场和景观大树，有的宿舍楼栋下设了羽毛球场，生活区附近有校园中心湖景和小广场；使用频率低的高校 C 在宿舍楼下有景观庭

院,部分学生反馈很少使用的原因是缺乏私密性。建议公共休闲空间的设计,除考虑相应空间位置、大小外,对空间内的功能、景观、休闲设施进行合理考虑,并注重使用者的心理感受。

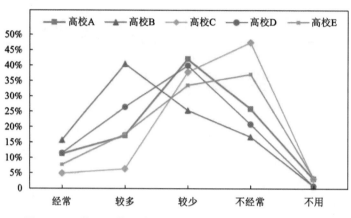

图 3-169　关于公共活动(聚集)空间使用的满意度评价分析

(2)公共学习空间现状与满意度评价分析

1)学习空间现状

高校 A 除共享客厅外,未设专门的公共学习空间;在关于宿舍是否需要学习空间的调查中,约33%的学生认为需要,约34%的学生认为生活区设学习空间更方便。学生的反馈意见中,有的认为大多数时间在教室、图书馆和实验室学习(或者居室内学习);有的则认为宿舍内有时太吵闹、空间小,需要安静、宽敞的学习空间;有的认为在实验室适合做项目,很多书籍在宿舍,带电脑和书籍去教室又较重,建议在宿舍楼内设置学习空间。

高校 B 生活区未设专门的自习室等公共学习空间,目前大部分学生在图书馆或宿舍内学习;在关于宿舍是否需要学习空间的调查中,约61%的学生认为需要,约30%的学生认为生活区设学习空间更方便。学生的反馈意见中,有的认为 6 人间书桌小,没有空间学习或在宿舍学习容易分心;有部分学生反馈图书馆关门时间早,生活区如果设自习室更有利于学习,另外书籍和电脑较重,步行去图书馆较远,如果生活区设自习室距离相对近一些。

高校 C 校区还在建设中,生活区暂未设专门的公共学习空间,生活区距图书馆和教学楼较远,夜间往返不方便。在关于宿舍是否需要学习空间的调查中，约59%的学生认为需要，约33%的学生倾向于需要。学生的反馈意见中，有的认为待在宿舍的时间长，需要进行学习，居室内书桌小，且在居室内学习会顾虑影响室友的休息，多有不便；有的同学认为晚上回宿舍洗漱后再去图书馆学习不方便，故比较期待生活区设公共学习空间。关于宿舍楼设公共学习空间的好处，有的认为可以节省往返教室、图书馆的时间，学习效率更高，更方便，而学习空间大，学习时心情会更好、更轻松。

高校D大部分书院均设了公共学习空间，类型多样；如设有自习室（图3-170）、阅览室（图3-171）、研讨室（多间）（图3-172）、迷你阶梯教室、画室、书法室、舞蹈室（图3-173）、音乐房、钢琴房（图3-174和图3-175）等公共学习活动空间；部分书院未专设公共学习空间。调查中，约49%学生认为需要学习空间，约30%的学生倾向于需要学习空间。学生的反馈意见中，有的认为生活区距离图书馆太远，有的认为洗澡后再返回学习很不方便，有的认为图书馆十一点半关门后仍需学习空间进行学习，有的认为图书馆座位太紧张，有的认为需要有距离更近的学习空间，有的认为晚上往返宿舍和图书馆、教学楼不安全，故认为生活区设公共学习空间更便于学习。

图3-170　自习室

图3-171　阅览室

图3-172　研讨室

图3-173　舞蹈室

图3-174　琴房1　　　　　　　　　　图3-175　琴房2

高校E多层宿舍区每层设置了活动室兼学习室。新宿舍区首层或二层设置了活动室兼学习空间，均未专设自习室或阅览室。调查中，约44%的学生认为需要学习空间，约33%的学生倾向于需要学习空间。学生的反馈意见中，有的认为居室空间小而活动室嘈杂，学业任务重，须专设自习室等学习空间，有的学生认为应该去图书馆学习，而有的认为图书馆太远不方便且座位紧张，带书籍和电脑往返图书馆太重，在夜间和台风天气往返图书馆和宿舍不方便。

2)学习空间的满意度评价分析

鉴于实际调研中，不少高校未设置专门的学习空间。对学习空间的评价，与学习空间的需求度有关；需求度高且学习空间设置情况良好的高校，满意度较高。

由图3-176所示，几所高校对于宿舍楼中公共学习空间的需求度均较高。5所高校中，认为需要(可以有)学习空间的学生比例分别为67.75%(高校A)、91.75%(高校B)、92%(高校C)、79.68%(高校D)、77.57%(高校E)。学生对学习空间的需求度，在未设学习空间的高校显示更高。高校B宿舍个人的学习空间较小，图书馆距生活区有一定的距离，其需求度高；高校C生活区与教学区和图书馆分在两个校区，洗漱后折返两地不便利，其需求度显示最高。高校A的教学区与宿舍区距离较近，以理工学科为主，根据反馈可知，认为不需要在宿舍设学习空间的原因是学生在实验室、图书馆学习较方便，其需求度相对较低。

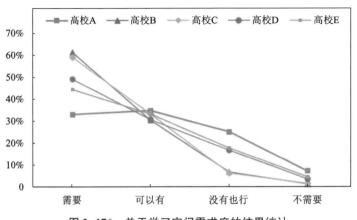

图 3-176 关于学习空间需求度的结果统计

由图 3-177 所示, 几所高校平均每天在宿舍学习的时长各有不同, 学生学习时长超过 1 h 的学生比例分别为 65.44%(高校 A)、78.68%(高校 B)、72.92%(高校 C)、56.49%(高校 D)、60.27%(高校 E), 与公共学习空间的需求度比较相符。

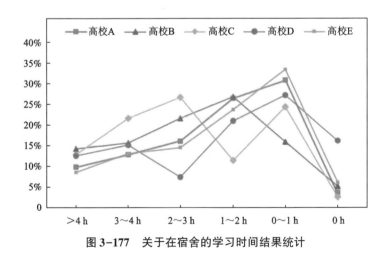

图 3-177 关于在宿舍的学习时间结果统计

结合现状了解, 除了高校 D 在宿舍楼内设有专门的公共学习空间, 高校 E 内设公共活动室兼学习空间外, 其他高校均未专设学习空间。通过交谈可知,高校 D 的学习空间的利用率高，满意度也较高；高校 E 的使用率低，满意度低，主要原因在于活动室中其他活动对学习有干扰、插座配置少等。

4. 联系空间或设施

走廊、门厅、楼梯、电梯等联系空间及设施，是每一栋建筑的重要组成部分，它是人们在各活动空间之间流通的基础。

（1）楼梯和电梯现状与满意度评价分析

随着社会的发展和人们生活水平的提高，电梯成为生活中不可缺少的便利设施；电梯安装在预留的电梯井道中，与楼梯一起构成垂直交通体系。

1）楼梯和电梯现状

统计几所高校与电梯使用相关的要素（楼栋层数、楼梯间数量、标准层人数、电梯数量、电梯控制方式），基本情况如表 3-3 所示。

表 3-3　垂直交通基本情况一览表

名称	层数 /层	楼梯间 数量/个	标准层人数 /人	整栋 人数/人	电梯数量 宿舍（含消防梯）/个	电梯控制 方式
高校 A, 1#宿舍	29	2	48	1296	3+1	群控
高校 B, A#宿舍	7	2	112	784	无	无
高校 C, A#宿舍	18	6	390（358）	6136	10+9	群控
高校 D, A/B/C/D#宿舍	7+1	2	80/80/80/80	400	1/1/1/1	独控
高校 E 11#宿舍	17	2	88	1232	3+1	分层群控

高校 A 为 28～29 层的塔式高层建筑，楼梯间与电梯间共同构成核心筒（图 3-178），标准层一般可居住 48 个学生。每栋宿舍塔楼均有两部楼梯，无直接采光通风，四部电梯，分区运行。由于楼层较高，楼梯的使用频率较低，楼梯在使用过程中存在的主要问题有空气不好、有异味，个别学生反馈楼梯扶手棱角锋利。关于电梯的使用，上下课的"早晚高峰"期排队时间长。调查中约 42.86% 的学生认为电梯使用不方便，反馈的不满意原因有电梯轿厢太小、电梯数太少或高峰期使用人太多，排队人多（图 3-179）、时间长等。

图 3-178　高校 A 楼梯和电梯间

图 3-179　高校 A 某栋消防电梯

　　高校 B 调研的校区中，当前投入使用的宿舍楼均为 7~8 层，垂直交通仅设楼梯(无电梯)(图 3-180)。调查中，约 73% 的学生认为楼梯使用情况良好；部分学生反馈使用中存在的主要问题有，高楼层(特别是 5~8 层)爬起来比较累，搬运行李不方便，楼梯间的卫生情况有时不好、有异味，楼梯间采光差，有人在楼梯间聚集聊天时影响通行等。

图 3-180　高校 B 楼梯间

　　高校 C 的两栋宿舍均为 18 层，楼梯与电梯成组分散布置在平面中，均有自然采光和通风，见图 3-181。调查中，约 81% 的学生认为楼梯使用情况良好，部分学生反馈的使用问题有：楼梯间仅有简单装修、灰尘多、易脏、楼梯踏步容易踩空等。

电梯配置较为充足，如17A栋的标准层居住人数约为358人，总共有19部电梯，分布在不同位置，图3-182所示为某栋某个电梯厅；电梯具有群控功能。高校C的调查中约39.1%的学生认为电梯使用不便。部分学生反馈的意见集中在以下几个方面：从平面布局上看，部分学生认为电梯分布不合理，靠近食堂一侧人流量大，电梯少，电梯不够用；从电梯控制上看，部分学生认为程序设计不合理、智能化程度低，如无法双击取消楼层停靠、有时远端电梯响应呼叫按钮、满负载电梯会逐层停靠导致"可上人"电梯难等；电梯响应较慢；从使用便利上看，乘坐电梯等待时间长；从运维上看，学生认为电梯故障率高。

图 3-181　高校 C 的楼梯　　　　图 3-182　高校 C 某栋电梯厅

　　高校D的N座宿舍楼由7、8、9层3个塔楼组成，其中8层高和9层高的两栋楼在首层和二层连通。9层宿舍楼栋的标准层104人，楼梯与电梯相邻，有自然采光，通风良好（图3-183）。调查统计，约88%的学生认为电梯使用情况良好。部分学生反馈电梯使用中的问题主要有，高楼层使用电梯等待时间长、电梯有时候有异味等。该宿舍楼的塔楼基本独立，每栋约700多人共用一部电梯（图3-184），调查约37.94%的学生认为电梯使用不便，例如电梯运行慢、运输效率低、高峰期电梯数量较少、排队时间长、遇到检修时无电梯可用。

　　高校E多层宿舍区和新宿舍区的楼梯间均位于平面的两端，分别为封闭楼梯间和防烟楼梯间，均有自然采光和通风，如图3-185和图3-186所示。调查统计约70.6%的学生认为楼梯使用情况良好。部分学生反馈楼梯使用中存在的问题主要有，高楼层的使用者上下楼梯较累、楼梯间易脏或者有异味、存在个别学生在楼梯间抽烟等问题。

图 3-183　高校 D 的楼梯　　　　图 3-184　高校 D 某栋电梯厅

图 3-185　高校 E 多层宿舍区楼梯间　　图 3-186　高校 E 新宿舍 5#楼梯间

多层宿舍区中有 3 栋 6 层的宿舍均未设置电梯，其他 3 栋 7～9 层的宿舍楼设置一部电梯。新宿舍区以 5#栋为例，共有 17 层，居住 1300 多人，设 3 部客梯(图 3-187)和 1 部消防电梯，平均约 430 人一台电梯。该校为缓解使用高峰期"电梯难等、排队长"等难题，已经采取了选课错峰、电梯分区停靠的群控措施(指除消防电梯每层可停靠外，其余电梯固定停靠某几层)，但在使用高峰期，使用电梯仍有排队 20～30 min 的情况。

2)楼梯和电梯的满意度评价分析

由图 3-188 所示，几所高校的楼梯满意度评价趋势比较一致，整体评价较好；除了未设电梯的高校 B 评价明显偏低外，电梯的评价趋势也比较一致，整

图 3-187　高校 E 电梯厅

体评价一般。事实上，楼梯在高层宿舍建筑中的利用率较低，受访者对楼梯使用情况的关注度偏低。5 所高校中，认为楼梯使用方便和较好的学生比例分别为 74.36%（高校 A）、73.98%（高校 B）、81.28%（高校 C）、89.03%（高校 D）、71.62%（高校 E），满意度评价最高的高校 D 楼梯间有自然采光通风，设置了醒目的黄色防滑条、扶手的材质为木质。5 所高校中，认为电梯使用方便和较好的学生比例分别为 54.29%（高校 A）、58.78%（高校 C）、59.49%（高校 D）、57.88%（高校 E）。

结合垂直交通基本情况和满意度评价可知：①有电梯和无电梯配置直接影响学生的居住感受，电梯便利了生活；②高层宿舍的居住者平日基本选择电梯上下楼层，且相较于住宅建筑和办公建筑，学生宿舍每台电梯平均使用人数偏高；③学生宿舍使用电梯的时段集中，电梯的分布方式（普通电梯与消防电梯）会影响电梯的实际使用效率，电梯的速度、电梯的控制方式和使用者是否抢占电梯都会影响电梯的运输效率。

（2）门厅现状

门厅是学生进出宿舍的集散空间，它联系了宿舍楼管理室、电梯厅和楼梯间等空间，也是进出管理的重要空间；此处主要论述和出入管理相关的首层门厅。

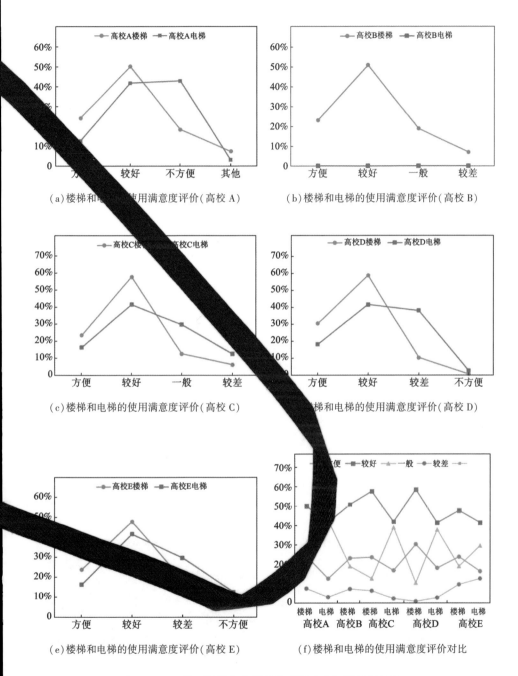

（a）楼梯和电梯的使用满意度评价（高校 A）

（b）楼梯和电梯的使用满意度评价（高校 B）

（c）楼梯和电梯的使用满意度评价（高校 C）

（d）楼梯和电梯的使用满意度评价（高校 D）

（e）楼梯和电梯的使用满意度评价（高校 E）

（f）楼梯和电梯的使用满意度评价对比

图 3-188　关于楼梯和电梯的使用满意度评价结果统计

在所调研的 5 所高校中，高校 B 和高校 C 并未设置门厅，学生们直接通过架空层或大门进入电梯厅或走廊；另外 3 所高校学生宿舍设置了门厅，门厅的出入管理由门禁系统和值班台或值班室共同构成。

高校 A 的出入口门厅设值班台，非宿舍学生出入楼栋要求登记信息，如图 3-189 所示。高校 B 出入管理由铁质大门、闸机门禁、值班台和值班室人员共同构成(无出入口门厅)，如图 3-190 所示。高校 C 学生通过架空层进入候梯厅，出入管理由闸机门禁、值班台人员共同构成(无出入口门厅)，如图 3-191 所示。高校 D 的出入口门厅内设值班台和闸机门禁进行出入管理，门厅内还设宣传展板、电子显示屏等设备设施，如图 3-192 所示。高校 E 的多层宿舍区出入口门厅设值班室、闸机门禁以便进行出入管理，门厅内设宣传展板、电子显示屏等，如图 3-193 所示；新宿舍区无出入口门厅，学生由架空层的闸机门禁进入候梯厅，同时设值班台和人员进行出入管理(图 3-194)。对于门厅空间和出入管理系统，学生的整体满意度较高，调研中部分学生反馈有的闸机老旧，反应速度慢，影响通行。

图 3-189　高校 A 门厅出入登记处

图 3-190　高校 B 出入管理示意

图 3-191　高校 C 架空层

图 3-192　高校 D 的门厅

图 3-193　高校 E 多层宿舍区某栋门厅

图 3-194　高校 E 新宿舍区 5#栋首层
架空出入管理

（3）走廊现状

《规范》中对走廊的定义是"建筑物的水平公共交通空间"。根据走廊在平面中的位置将其分为内走廊和外走廊，根据长度将走廊分为长走廊和短走廊，它联系着平面中各功能房间，形成不同的平面布局。

高校 A 由内走廊（图 3-195）联系核心筒和各宿舍套间；高校 B 的走廊为外走廊（图 3-196），为了更加安全，其防护栏杆做了细节处理，如图 3-197 所示；高校 C 的走廊为内走廊（图 3-198）；高校 D 不同宿舍楼的走廊形式有所不同，有内外走廊结合、内走廊两种形式；高校 E 新宿舍区的宿舍走廊多为内走廊，如图 3-201 所示；高校 E 多层宿舍区的走廊为内走廊与天井结合的形式，走廊可通过天井采光通风，如图 3-202 所示。学生们对走廊的关注度不高，通过交谈可知其整体满意度较好。调研中部分学生反馈有的内走廊采光较差，让人感觉压抑；外走廊在下雨天存在地面有积水、易打滑、衣物易被淋湿等问题。

图 3-195　高校 A 宿舍内走廊

图 3-196　高校 B 宿舍外走廊

图 3-197　高校 B 宿舍外走廊防护栏杆　　　　图 3-198　高校 C 宿舍内走廊

图 3-199　高校 D 宿舍外走廊　　图 3-200　高校 D 宿舍内走廊

图 3-201　高校 E 新宿舍区宿舍　　图 3-202　高校 E 多层宿舍区宿舍
　　　　　的内走廊　　　　　　　　　　　　的内走廊和天井

3.3.2 管理使用功能空间现状

学生宿舍的使用者不仅有学生,还有管理者。根据宿舍楼管理和教育管理的需要,学生宿舍在整体规划和设计时会综合考虑楼栋管理者(或物业管理者)和学生事务管理老师的工作空间。

1. 楼栋管理现状

随着高校学生后勤管理社会化的发展,很多高校将宿舍楼管理交给专业物业管理公司进行管理,同时学校后勤管理老师对物业管理团队进行管理,此种管理模式有利于节约学校资源和使高校后勤管理更专业化。此次调研的5所高校均已采用上述管理模式进行宿舍楼栋管理。高校学生宿舍内的楼栋管理工作空间主要有值班室、办公室、会议室等。

高校 A 的学生宿舍楼栋首层门厅内设值班台(未设值班室)。物业管理人员的办公室分布在两栋宿舍楼的首层。高校 B 的学生宿舍楼栋出入口旁设值班室,其他物业管理办公空间集中在学生公寓管理服务中心(图 3-203),位于某宿舍楼的裙房。

图 3-203 高校 B 学生公寓管理服务中心

高校 C 宿舍楼出入口附近未设值班室,在宿舍首层设集中办公区、二层设学生公寓服务中心。高校 D 的宿舍楼栋在门厅内设值班台(无值班室),物业管理办公位于某些书院宿舍楼的首层,如图3-204和图3-205所示。高校E多层宿舍区的楼栋门厅内设值班室,新宿舍区的楼栋二层入口附近设宿舍管理室,另外在主要出入口附近设值班台。

图3-204 高校D门厅值班台 图3-205 高校D的工程部办公室

通过访谈可知,管理人员对其工作空间的满意度一般。不满意的原因有,有的学生宿舍未设值班室,仅在门厅内设值班台,夜间值班条件差;有的学生宿舍未设门厅,值班台位于架空层,值班人员在夜间、冬雨季条件值班条件恶劣;有的反馈物业管理办公区域小,不能满足人员办公和工具存放的需求;有的高校物业管理需配备多种生活消耗品供公共区域使用,但未考虑相应的物品储藏间等。

2. 学生事务管理现状

学生事务管理的工作内容主要有学生日常管理、咨询指导和生活服务。[15]有的学生事务管理人员的办公室设在宿舍楼中,如麻省理工学院西蒙斯学生宿舍有舍监接待室和高级导师办公室各1间、导师办公室4间、助理办公室2间、小组讨论室3间、学生事务接待处1间、导师活动室2间等,这些工作空间与学生的活动室集中设置在2层。

调研的5所高校,高校D和高校E实行书院制教育模式;与传统的大学教育有所不同,书院制教育模式把各种集体活动渗透在学生的生活中。例如新生入校第一年不分专业而先接受通识教育;在课堂之外,常常以书院为单位,开展各种集体活动,而导师和事务管理老师则利用各种学术交流、研讨、集体劳动、体育活动和特色文化活动等对学生们进行引导教育。为了便于开展各项工

作，学生事务管理办公空间一般设置在宿舍楼附近，如高校 D 和高校 E 的学生
事务管理工作空间位于宿舍楼首层，如图 3-206 和图 3-207 所示。高校 D 和
高校 E 在标准层设导师宿舍（图 3-208）。

图 3-206　高校 D 的管理老师办公室

图 3-207　高校 E 活动室的导师信息墙

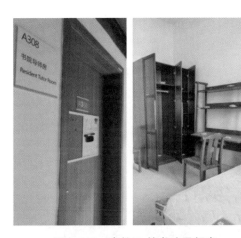

图 3-208　高校 D 的书院导师房

通过访谈可以得知，高校 D 和高校 E 的学生对于导师协助解答各种困惑、
指导其选择未来的学习方向和以书院为单位组织各种活动的方式均较满意。老
师们认为精细化工作空间管理有助于引导学生更好地成长，他们对学生事务管
理办公室、会议室等工作空间的设置比较满意。

3.4 高校学生宿舍整体环境现状

环境对人的心理会产生积极或消极的影响。宿舍所处的地理环境及相应的设计、建筑的室内外环境、校园的安全环境都会对使用者心理产生积极或者消极的影响。

3.4.1 地理环境现状

高校学生宿舍所处地理位置的气候条件，对建筑设计提出了要求。建筑设计时若未考虑地理气候条件，宿舍在使用中常常会存在问题。此次调研的高校学生宿舍地处深圳。深圳属于季风气候，阳光充足、雨季多雨。根据调研中部分学生反馈可知，高校 C 由阳台与厕位、淋浴间构成开敞空间，在雨季使用时多有不便；高校 A 阳台晾晒的衣物常被吹落；高校 D 的外走廊在雨季使用常有不便。以上问题均与设计时未充分考虑地理环境的气候条件有关。由于未充分考虑地理环境影响而产生的建筑功能缺陷，不仅造成使用不便，也给宿舍管理带来了困难。部分高校对设计缺陷采取了积极补救措施，如在外走廊外增设雨篷、增设排水沟等，如图 3-209 和图 3-210 所示。

图 3-209　外走廊增设的排水沟

图 3-210　外走廊增设的雨篷

3.4.2 室内居住环境现状

5 所高校的居室地面除高校 D 采用 PVC 地板外，其他均为浅色地砖、墙面和顶棚均为浅色乳胶漆。学生们对室内装修的满意度较高。

除了室内装修外，建筑的室内物理环境也是影响居住体验的重要因素。结合《规范》和《现代高校学生公寓设计研究》对室内环境的内容描述及分类，本节将从光环境、室内热环境、声环境和空气质量环境 4 个方面对室内物理环境进行论述。

（1）光环境

光环境包含天然采光和人工照明两大块。天然采光通过开窗比进行控制。《规范》中明确规定开窗最小面积按《建筑采光设计标准》（GB 50033—2013）和住宅建筑相关规定确定。除了开窗面积外，居室外是否带阳台也会影响天然采光的效果，如高校 C 阳台深度为 2.2 m，阳台门的宽度为 1.4 m，居室进深 5.2 m；高校 D 居室进深为 6.2 m，开窗为 2.4 m（窗台 0.9 m）。高校 C 相比高校 D 的采光效果就差一些。5 所高校的人工照明均采用白炽灯，除高校 B 的灯具与床的长边垂直外（图 3-211），其他高校的灯具均与床的长边平行，照明情况均良好。学生对光环境的反馈良好。部分学生反馈床会遮挡书桌上的灯光、走廊上的灯具照度过高时，灯光透过宿舍门上的固定窗会影响室内的学生休息等（图 3-212）。

图 3-211　高校 B 的灯具与床的关系　　图 3-212　走廊照明与带亮窗的居室关系

（2）室内热环境

温度、湿度、风以及热辐射构成了室内热环境[16]，它以各种方式影响着使用者的舒适度。在宿舍设计中采取保温隔热措施结合空气调节的措施使室内热环境舒适宜人。5 所高校采用的保温隔热措施是，墙体多用加气混凝土、保温砂浆和岩棉等方式，屋面采用挤塑聚苯板，窗采用隔热玻璃或中空隔热玻璃。

空调的使用情况反馈较好，5 所高校的满意度均在 83% 以上（图 3-213）。深圳为季风气候，夏季炎热，冬季温暖，它的热环境平衡可通过空调设备调节。5 所高校的学生认为空调使用效果舒适和较好的比例分别为 87.94%（高校 A）、83.88%（高校 B）、95.24%（高校 C）、89.39%（高校 D）、89.46%（高校 E）。结合部分学生反馈的意见可知，学生对空调使用的关注点主要在于制冷效果、安装位置的合理性、噪声大小、清洁程度、是否有异味和耗电量等方面。

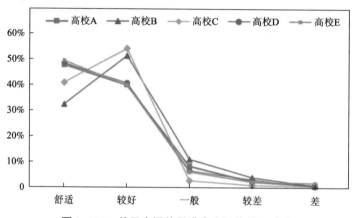

图 3-213 关于空调使用满意度评价结果统计

（3）声环境

噪声是影响声环境的主要因素，它会影响学生的睡眠质量和学习效率，甚至影响人的身体和心理健康。如图 3-214 所示，各高校学生受到噪声影响各有不同。5 所高校中，认为噪声影响较大和很大的学生比例分别为 46.95%（高校 A）、37.82%（高校 B）、28.27%（高校 C）、37.86%（高校 D）、34.32%（高校 E）。除高校 C 外，其他高校有 75% 的学生认为噪声对其生活造成了一定影响。调研时除高校 A 和 D 外，其他 3 所高校周边均有施工场地。几所高校均采用了积极的隔音降噪措施，例如高校 D 采用楼板隔声垫、隔音门等；高校 C 内墙为装配式中空墙板。根据调研反馈可知，噪声的来源主要有隔壁房间的歌声、走廊上人们的说话声、楼上的物体撞击声响和施工噪声。事实上，好的居住环境应注重噪声控制和采取隔音措施。一方面是噪声源的控制，需要通过合理管理人的行为来实现；另外一方面是噪声的隔绝，一般在建筑设计时通过构造措施来解决。例如对墙体、门窗、楼板等构件采取隔音、吸音和密封措施等。

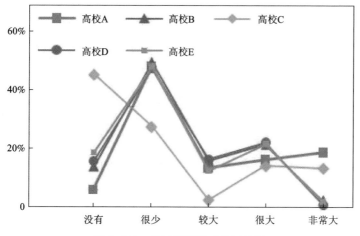

图 3-214 关于噪声影响结果统计

(4)空气质量环境

装修材料、施工辅料、家具等散发的有害气体对人体健康是有危害的。有时人的活动也会产生对空气质量有影响的气体。学生们对宿舍范围内的空气质量满意度一般，部分学生反馈的不满意原因主要与卫生间、公共浴室和洗衣房有关，例如卫生间有臭味或异味、浴室闷、洗衣机房空气不流通等。提高空气质量，除了从源头控制有害气体的产生外，合理的通风换气措施也有利于保证良好的空气质量。

3.4.3 室外环境现状

室外环境由景观环境、室外公共空间及设施等组成，它对人的心理有影响。高校 A 围绕着学生宿舍楼分散布置了绿植小景观和构筑物(学生作品)等，如图 3-215 所示；高校 B 由宿舍楼围合的庭院广场及大树构成了中心景观，在生活区旁有校园绿道和中心湖景，如图 3-216、图 3-217 所示；高校 C 利用宿舍楼之间的空地形成由硬质铺地、草坪、木地面、石凳所构成的庭院景观，如图 3-218 所示；高校 D 在裙楼屋顶、架空层和建筑四周形成由铺地、绿植、小品、室外桌椅构成的室外环境，如图 3-219 和图 3-220 所示；高校 E 在宿舍楼之间、屋顶、连廊形成绿化景观，与湖景共同形成了室外景观，如图 3-221 至图 3-224 所示。通过调研中与学生们交谈可知，几所高校的学生们对室外环境的满意度较高。

图 3-215　高校 A 的室外环境

图 3-216　高校 B 的室外环境

图 3-217　高校 B 生活区附近的湖景

图 3-218　高校 C 的室外环境

图 3-219　高校 D 室外景观 1

图 3-220　高校 D 室外景观 2

图 3-221　高校 E 多层宿舍区室外环境

图 3-222　高校 E 多层宿舍区附近室外环境

图 3-223　高校 E 新宿舍区室外环境

图 3-224　高校 E 新宿舍区的垂直绿化

　　有的高校会将富有地方特色或高校人文特色的元素融入建筑和景观设计中，通过建筑外立面、景观绿植和小品、标识、标语等形成具有特色的校园文化，形成"可被记住的校园环境"。如 5 所高校中，高校 D 的学生宿舍建筑外立面和书院大门牌坊就形成了该校较为鲜明的风格，如图 3-225 和图 3-226 所示。

图 3-225　高校 D 某栋宿舍外立面　图 3-226　高校 D 的牌坊构筑物

3.4.4 安全环境现状

安全环境是每个学校都十分关注的问题。学校一般会设置出入管理系统、监控系统和采取一些安全防护措施以保证学生安全。

调研中，5 所高校均设置了门禁管理系统和出入口值班人员，在不影响学生正常出入的情况下有效管理出入。每所高校设置的方式有所差异，此部分在门厅部分已论述，此处不再赘述。访谈调研时，管理人员均认为安全防护措施十分重要。从与学生的交谈可知，大部分学生认为校园环境安全可靠，也有个别学生认为夜间穿梭校区之间可能存在安全隐患，阳台存在高空坠物的风险等。管理人员对校园安全环境的关注度非常高。例如不允许校外人员（含外卖）随意进出校园，通过门禁系统、值班人员管控和监控系统（图 3-227 和图 3-228）校外人员出入宿舍楼，通过楼栋巡查减少安全隐患。高校 A 窗外安装了安全防护栏杆、高校 B 对外走廊易攀爬的栏杆进行了防攀处理、高校 E 的阳台装设了隐形安全防护网等，如图 3-229 至图 3-231 所示。

图 3-227　地下车库的视频监控

图 3-228　出入门口的视频监控

图 3-229　窗的防护措施

图 3-230　外走廊防攀爬措施

图 3-231　阳台的
隐形防护网

3.5　本章小结

本章从高校生活区整体规划、使用功能空间、整体环境现状三大方面分析了高校学生宿舍的使用现状；对问卷调查的数据结果进行了宿舍满意度评价分析。

第一节介绍了调研方法与数据。

第二节从建筑、道路交通、景观和配套设备设施几个方面论述了高校生活区整体规划现状，陈述了学生对生活区整体规划的满意度评价。

第三节从学生和管理人员两方面分别论述了相应的使用功能空间现状和满意度评价分析。学生使用功能空间从居住基本单元、居住辅助空间或设施、公共空间和联系空间或设施四大方面进行论述。管理人员使用功能空间从楼栋管理和学生事务管理两方面进行论述。

第四节从地理环境、室内居住环境、室外环境和安全环境四大方面论述了高校学生宿舍整体环境现状及满意度评价。

5 所高校综合的整体满意度较高。如图 3-232 所示，大部分调研项目，50% 以上的使用者认为相应的使用情况较好或很好。

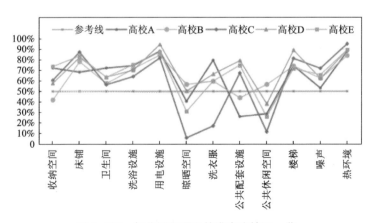

图 3-232　部分调研项目的满意度情况一览

第4章

高校学生宿舍使用需求分析

使用者在高校学生宿舍中的主要活动可以归纳为居住类活动、学习类活动、社交类活动和工作类活动。每种活动对应不同的需求，如图4-1所示。学生宿舍的需求集中在居住需求、学习需求和社交需求，是高校学生宿舍的主要使用需求。

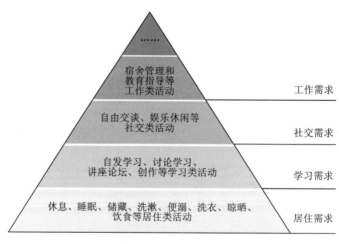

图4-1　高校学生宿舍人的活动及需求

规划与建筑设计的根本目的是要创造满足人的各种使用需求的建筑空间和场所。其中使用需求一般由使用者提出，经专业人员分析采用哪些功能设计来满足使用需求,再进行规划和建筑设计。使用需求与建筑功能之间的关系如图 4-2 所示。

图 4-2　使用需求与建筑功能之间的关系

庄惟敏、张维、梁思思著的《建筑策划与后评估》一书中认为,建筑功能空间满足人的使用需求应结合三个方面考虑[17]:

第一,满足空间的功能条件,即满足空间中人类活动的要素。它是形成建筑物的基本条件。

第二,满足空间的心理、感官条件,即使空间具有一定的心理舒适度。

第三,满足空间的文化条件,即空间符合社会传统、人的习惯等文化模式的要求。

建筑功能空间除满足人的使用需求外,规划与建筑设计还要考虑环境对使用者行为和心理产生的影响,研究这种影响的学科为环境心理学[18]。环境心理学的研究范围很广,主要研究"人对环境的知觉、环境对人的心理和行为的影响"。它的研究目的在于协调人与环境的关系以使两者相互适应。

基于高校学生宿舍调研中使用者反馈的各功能空间存在的问题,本章从高校学生宿舍的使用主体(学生)的角度分析高校学生宿舍的使用需求。

4.1　居住需求

居住需求是使用者在宿舍内进行居住活动的基本需求,主要包括人体生存、维持身体健康和日常基本生活的需求,例如使用者的休息、睡眠、储藏、洗漱、便溺、洗衣、晾晒、饮食等需求。

4.1.1　居住基本单元

1. 居室

《规范》中对居室的定义是供居住者睡眠、学习和休息的空间。居室空间及其家具设施为使用者的休息、睡眠、储藏等活动提供基本条件，满足学生的使用需求。

调研的几所高校采用多种措施提高学生居住的舒适度，例如通过优化平面布局保证阳台均为南向、在内走廊设天井以及居室靠走廊侧设窗改善采光和通风条件、在居室内尽可能多地提供储藏空间、居室和阳台统一设置窗帘、采用智能锁和远程缴水电费等智能化措施、同时提供有线和无线网络、完善各种安全防护措施、尽量拓展晾晒空间、宿舍内配置饮水机、在建设期间确定家具型号并通过样板间确认细节和整体效果等。由于不同使用者之间的差异化需求等方面的原因，在调研中使用者指出了使用中存在的一些问题。其中居室方面的问题主要包含以下几个方面。

第一，空间方面的问题。有的宿舍居室空间偏小、平面布局不合理，体现在人均使用面积少、内部空间狭小、拥挤或让人感觉压抑等方面。

第二，功能使用方面的问题集中在用电设施和家具设施两个方面。用电设施方面的问题主要有：插座配置较少，不能满足实际需求；三孔和双孔插孔板上孔距过小或网线、开关、插座被家具挡住导致使用上的不便；有的配电箱位于铁柜边，在紧急情况时不便开启。家具设施方面有储藏空间不足或储物柜分隔不合理，宿舍门无法固定，使用床铺时晃动大、噪声大等问题。

第三，室内居住环境方面的问题。一方面，装修方面存在地面浅色瓷砖易脏、不易清洁等问题；另一方面，存在隔音、采光等物理环境问题。例如有的居室隔音差，学生受噪声影响较大；有的宿舍进深大，开窗小，自然采光较差，特别是居室外设阳台时自然采光效果差。

第四，心理、感官方面的问题有安全性和私密性两个方面。安全性方面，如有的门锁（未反锁的情况下）可从室内外直接开启。私密性方面，如居室内无分隔措施，使用者缺乏个人的私密空间。

第五，行为习惯方面的问题。一方面，居室内学生们的交往需求未被重视，包括共同交谈、游戏、聚会等需求；另一方面，未考虑学生在居室用餐的情况。

第六，调研中反馈的其他问题。如空调的位置直对床铺，相应床铺的学生使用感差；书柜分隔不合理，无法放下正常大小的书本；书桌未对学习工具（电脑）的使用需求作出适应性变化；未考虑走廊灯光和室外灯光对使用者睡眠的影响；未考虑全身镜或饮水机等配置需求；部分宿舍的网络信号差等。

调研中反馈的居室使用中存在的问题是使用者未被满足的需求，即使用者除了需要在居室内进行休息、睡眠等活动外，还需要更合理的空间大小和布局、更便利的用电和家具设备设施、更舒适的室内环境、更安全的居住环境，有时候还有在居室内用餐的需求。同时，使用者对个人隐私和个性化表达也有了更高的需求。

为了提高高校学生宿舍使用的满意度，需对未被满足的使用需求及相应的建筑功能需求进行分析，以便在提升宿舍居住条件时有的放矢。居室空间需注重居室空间大小、尺度比例、家具布置；在居室功能方面需着重考虑用电设施布置的合理性，家具设施更应符合学生当前的使用习惯和实际需求；居室内的装修环境、物理环境(日照、温度、采光、通风、隔音等)需要有利于使用和身体健康；居室内环境应使人感觉安全，注重隐私保护等，并应考虑学生的个性化需求；应注重空调与床铺的位置、网络信号、室外灯光影响等细节的处理；另外，周边环境是否舒适宜人，装饰风格等也应被重视。

2. 储藏空间

《规范》中对储藏空间的定义是储藏物品占用的固定空间，如壁柜、吊柜、专用储藏室等。储藏空间包含在居室内，由于学生对储藏空间的关注度较高，故此处对其需求单独进行分析。

宿舍是学生的"家"，储藏空间是否充足和合理直接影响居住感受。学生的休息、学习、休闲、交往等活动均会在宿舍发生，多人共享宿舍空间，每个人所能使用的区域十分有限，而学生的生活用品、学习工具、休闲物品等均会放置在宿舍，所以储藏空间对他们显得尤为重要。

归纳调研中反馈的储藏空间的主要问题有储藏空间不足和储物柜分隔设计不合理两个方面。

第一，储藏空间不足。高冀生[19]对 1984 年、1989 年的学生生活物品进行了统计。王丽娜在高冀生的研究基础上对 2003 年的学生生活物品进行了统计，如表 4-1 所示。曲力明在前两人的研究基础上对每个学生拥有物品数量所需的储藏空间进行了估算(表 4-2)，得出每人所需要的储藏空间为 0.76 ~ 0.98 m^3。根据《规范》中的相应规定，居室中每人的净储藏空间宜为 0.5 ~ 0.8 m^3，对固定箱子架、衣物储藏、书架做了规定。作为行业标准，《规范》仅规定了最低标准。根据实际调研显示，学生主要收纳储藏的物品有生活用品、学习用品、休闲物品，除了衣物、箱包、书籍、鞋子、被毯、饮水设施、书籍、电脑等物品外，还有文件、护肤品、饰品等用品。既需要大件物品储藏的空间，又需要零散的小件物品的收纳储藏空间。

表4-1　学生生活物品的统计[20]

年／物品	衣服		裤子		箱包		被毯	鞋子	暖瓶	书刊	电脑	备注
1984	6.4		4.2		2.1		1.4	3.7	1.0			
1989	12		8		3		1.5	8	0.8	110		男
	25		15		5		2.5	11	1.4	130		女
1999	21		9		3		2	10	1.0	120		男
	43		20		4		2.5	12	17	170		女
—	衣服	大衣	裤子	裙子	箱子	背包	被子　毯子	—	—	—	—	
2003	28	2	8	0	1.5	1	1　1	10	1	52	1	男
	46	5	10	6	1.6	4.2	1　1.2	12	1.6	95	1	女

表4-2　储藏空间估算[21]

物品	衣服	箱包	被毯	鞋子	书刊	备注	合计
单件物品体积/m³	0.006	0.06	0.15	0.009	0.0009		—
物品数量	38	1.5	2	10	52	男生	—
	62	1.6	2.1	12	95	女生	—
储藏空间体积/m³	0.288	0.09	0.3	0.09	0.047	男生	0.755
	0.372	0.096	0.315	0.108	0.086	女生	0.977

第二，储物柜分隔设计不合理。有的宿舍无箱子等大件物品的储藏空间、有的书柜分隔尺寸不合理、有的储物柜仅设大分隔，不能满足学生的实际使用需求。部分高校采用了多种措施增加储藏空间，以提升学生的居住质量。

足够的储藏空间有利于构建整齐有序的居住环境。储藏空间的设计与居室整体布局相关。储藏空间或家具设施的形状、大小、分隔设计、通风防潮等卫生条件、细节处理是否恰当等均会影响其使用。不同学校不同专业学生所需的储藏空间也有差异，例如音乐学院需考虑乐器储藏、美术学院需考虑绘画工具的储藏等。建筑设计时需根据相应高校的学生特点，调查其必要的储藏空间需求。宿舍应充分利用三维空间进行设计，合理选择或设计储物柜，可采用侧边置物架（图4-3）扩充垂直方向的储藏空间。

3. 卫生间

《规范》中对卫生间的定义是供居住者进行便溺、洗浴、盥洗等活动的空间。除了居室附设卫生间和公共卫生间外，还有将卫生间（厕位、淋浴间和洗手池）与阳台融合的做法，其使用情

图4-3　侧边置物架

况与居室附设卫生间相似，故本书将其归为居室附设卫生间的范畴。居室附设卫生间的位置有的靠近内走廊，有的靠近外走廊或室外，如图4-4所示。它作为1间宿舍单元的配套，能方便学生的生活起居。当前也有不少宿舍楼在标准层设置公共卫生间，服务于多间宿舍。公共卫生间的示例如图4-5所示。

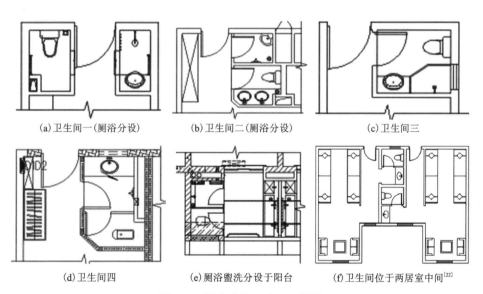

(a)卫生间一(厕浴分设)　　(b)卫生间二(厕浴分设)　　(c)卫生间三

(d)卫生间四　　(e)厕浴盥洗分设于阳台　　(f)卫生间位于两居室中间[22]

图4-4　居室附设卫生间示例图

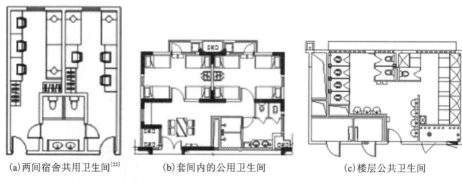

(a)两间宿舍共用卫生间[22]   (b)套间内的公用卫生间   (c)楼层公共卫生间

图4-5　公共卫生间示例图

　　对卫生间使用现状反馈的问题进行归纳，主要有以下几方面。

　　第一，空间方面的问题。一方面是卫生间各功能之间的位置关系不合理。学生使用卫生间的时间较集中，当厕位与盥洗室在同一个空间内设置且无分隔时，两个或两个以上的人一起使用卫生间时，容易丧失个人隐私感。另一方面是空间尺度不合理。如某高校的盥洗室、厕浴与阳台相融合，其厕浴隔间尺寸为0.8 m×1.5 m×3.6 m，狭长的空间易让人感到压抑。此外，部分功能区存在空间内部分隔不合理的情况。如某高校的公共浴室采用浴帘分隔淋浴间形成干湿分区，由于浴帘位置不合理，洗浴空间十分狭小，造成使用不便。

　　第二，卫生间功能方面的问题。一方面是淋浴水忽冷忽热的情况很常见，大多是因为水压变化大或热水供应方式不合理；地漏、蹲便器和坐便器易堵塞；地面排水不畅等。另一方面是公共淋浴间、盥洗室缺少置物空间或设施，无法放置洗漱、洗浴用品；卫生间未考虑吹风机使用的插座、放置架等；卫生间的楼层无清洁工具间，公共区域卫生打扫不便。

　　第三，环境方面的问题。宿舍设计时未考虑地区的地理气候因素。有的宿舍厕位、淋浴间、盥洗室与开敞阳台融合设计。由于无防雨措施，学生在下雨天洗漱、便溺时，衣物易被淋湿。另外，卫生间通风排气不畅，导致宿舍有异味、洗澡时水汽凝结，甚至让人产生胸口闷、头晕等症状。

　　第四，心理、感官方面的问题。有的卫生间使用时会让学生感觉"不安全"；例如某卫生间用水区域防滑效果差，易滑跌；某个位于阳台的厕浴间隔断未封顶，学生使用时感觉会被对面宿舍"看见"，心理上觉得"不安全"；某小便池位于门的附近且无遮挡，由于缺乏隐私保护，容易引起使用者心理不适。

第五，行为习惯方面的问题。部分高校的公共卫生间蹲便器和坐便器配置比例不均衡，有的未设蹲便器。

第六，细节方面的问题。便器冲水时水花四溅；内开门的小厕位或小淋浴间进出不便；地漏被洗手台遮挡而不易清理和维修；淋浴间的过道未设地漏，积水无处可排；厕浴间的隔间材质易霉变；厕浴间的门未做防撞减振措施，大风天气，门的撞击产生噪声；有的门与门同时开启时会相互碰撞；公共卫生间未考虑洗脸物件的置物台，洗漱用具无处可放等。

卫生间使用现状问题反馈了其未被满足的使用需求。卫生间除了要满足使用者的便溺、洗漱、洗浴需求外，还需考虑多人共用卫生间时的隐私保护、用水设备设施的便利性、用电设施的安全性、空气的排湿和异味排除等，并适当考虑使用人群的行为习惯所引起的需求差异。

卫生间空间设计应注重便溺、洗浴、洗漱功能区域的位置关系，仔细推敲空间布局，以便提高空间利用率和保护个人隐私；卫生间中的给排水系统和热水供应方式应仔细推敲，避免洗浴、洗漱时水忽冷忽热的问题；位于阳台的卫生间，还需考虑当地的气候因素，合理进行遮阳、挡雨设计等；配置齐全、便利的用电用水设施，并注重设备设施使用的安全和清理维修的便捷等；物理环境方面需合理设计通风换气功能；便器的配置应考虑使用者的行为习惯；细节上注重排水坡度、地漏设置方式、隔间门的开启方式对相应空间使用的影响等。

居室附设卫生间和公共卫生间各有优劣。公共卫生间的面积小于每间居室附设卫生间的面积之和，有利于面积集约化，并且减少了给排水和通风等设备设施的投入，更经济；公共卫生间的缺点也很明显；相较于居室附设卫生间，它的便利性差、隐私性差、不便于冷水计费、设施易被损坏，而且需专人清洁打扫。

4. 晾晒空间

《规范》对阳台有明确的定义：阳台是指附设于建筑外墙，设有栏杆或栏板，供居住者进行室外活动、晾晒衣服等的空间。

宿舍中除通过阳台实现晾晒功能外（图4-6），调研中有两所高校分别通过楼层集中晾晒平台（图4-7）和屋顶天台晾晒（图4-8）的方式实现居住者的晾晒需求。晾晒空间是能实现衣物、被毯、鞋袜等物件晾晒的空间。

图4-6　阳台晾晒

图4-7　楼层集中晾晒平台

(a)屋顶集中晾晒区1

(b)屋顶集中晾晒区2

图4-8　屋顶天台晾晒

晾晒空间是宿舍中的必要功能空间。《建筑大辞典》定义宿舍为：供个人或集体日常居住使用的建筑物，由成组的居室和厕所洗浴室或卫生间组成，并设有公共活动室、管理室和晾晒空间。《规范》4.1.2 条规定：每栋宿舍应设置管理室、公共活动室和晾晒衣物空间。

　　对晾晒空间使用现状反馈的问题进行归纳，主要有以下几个方面。

　　第一，空间方面的问题。阳台空间偏小，尺度不能满足实际使用需要；如某高校 4 人间阳台的尺寸为 2 m×1.2 m×3.6 m（长×宽×高），晾晒空间难以满足日常晾晒的需求；部分晾晒平台及阳台朝北或进深较深，衣物无法直晒阳光。在调研中很多学生提到了大件物品无处可晾的问题。晾晒空间不足的问题，在文献研究中也有报道，如罗莹英在《基于大学生心理行为特点的高校学生宿舍设计研究》中指出其所调查宿舍的晾晒空间不能满足学生的日常晾晒需求。

　　第二，晾晒空间功能方面的问题。晾衣竿的数量少、长度短，不能满足日常学生的衣物晾晒。如某高校 4 人间宿舍的阳台仅有一根短的晾衣竿，大部分学生抱怨晾晒空间不够用。阳台无安全防护网，衣物易被风吹走，这种现象存在于阳台较小的高层学生宿舍中，造成了学生和管理人员的困扰。阳台和晾晒平台的镂空栏杆或栏板易成为"高空坠物"的危险地带，存在安全隐患。

　　第三，环境方面的问题。有的晾晒空间无阳光直射、有的晾晒空间周边扬尘较大、有的晾晒空间通风条件差、有的晾晒空间衣物常被淋湿或吹落等，这都是晾晒空间使用过程中遇到的环境问题。

　　第四，心理、感官方面的问题。内衣、内裤等贴身衣物晾晒在公共晾晒平台或屋顶天台时，不利于隐私的保护。

　　第五，国内外学生对衣物、被子等物件晾晒有文化认知和行为习惯方面的差异。与国外学生习惯有所不同，国内多数学生并不习惯使用烘干机烘干衣物，而是习惯在阳光下自然晾晒衣服。

　　第六，细节方面的问题。大多数宿舍并未考虑大件物品的晾晒需求；有的晾晒空间晾衣竿或晾衣架过高；有时候公共晾晒区域存在衣物丢失的现象；有的阳台下方无防坠落措施；有的阳台的地漏被树叶、灰尘、杂物堵塞；有的阳台有局部漏水问题；有时候虫子和蜻蜓等小动物会通过阳台进入室内；有的阳台给排水、消防、空调等管线无序混乱的布置。

　　晾晒空间使用现状问题反馈了其未被满足的使用需求。使用者对晾晒空间的需求除了要满足日常衣物晾晒外，还需考虑大件物件的晾晒。晾晒空间常与厕浴、盥洗、洗衣、饮水、空调搁板等功能共同设计，相应的功能应根据具体需要综合考虑。例如是否预留未来放置洗衣机的上下水和插座条件，是否预留饮用水的给排水管线。也要考虑阳台与空调板的位置关系对外立面效果的影响等，同时也应考虑空调外机排风对使用者的影响。晾晒空间需考虑安全防护措施，如低层阳台和晾晒平台是比较容易进入室内的位置，防盗网等安全措施是必要的。

晾晒空间特别是阳台不仅承载着晾晒功能，它还是室内外空间的过渡空间。使用者可以在室内外过渡的半开敞空间驻足眺望、交流和休息。关于晾晒空间的需求，与使用者的文化认知和行为习惯相关，例如衣物晾晒对大部分国内的学生而言，不仅是基本的居住需求，还有对晾晒过的被子"留着太阳的温度""有妈妈的味道"等认知需求。

作为国内大多数学生的基本生活所需，大多数高校都十分重视晾晒空间的设计。例如某高层采用在走廊上增加出挑晾晒架、在走廊扶手处利用弯曲形成晾衣竿来解决晾晒空间少的问题[23]；又如高校 E 在设置公共晾晒平台的同时，利用居室外空调挑板的进深设置晾晒区（图4-9）。这些解决方案，带来了更多的晾晒空间，同时也存在一些问题，例如影响走廊的交通功能、影响建筑美观等。面对这些新的问题，设计者应多加思考，以便更好地满足使用者的需求。

图4-9　利用空调挑板设晾晒区

关于阳台的设计，在《规范》中有一些相关规定，如"高层宿舍阳台宜采用实心栏板，并宜采用玻璃（窗）封闭阳台……""……阳台外门、亮窗宜设纱窗纱门"。建议在具体设计之前，进行需求调研和需求确认，设计从多个角度综合考虑。

4.1.2　居住辅助空间（设施）

1. 开水间（设施）

随着社会的发展，热水的供给方式有了显著的变化。以前人们都是提着热水瓶到校区内的集中开水房打开水。在那个时候，学生们有时相约一起打开水，有时会发生热水瓶炸裂烫伤手脚的事件等。随着社会的发展，宿舍楼的卫生间大多设了热水淋浴，开水间的热水一般用于饮用等。近年来开水器的生产技术已经很成熟了，不仅类型多样，占用面积小，使用也比较便利，常见的开水设施如图4-10所示。有的高校在每间宿舍配置了饮水机来满足学生的开水供应需求。

(a)开水设施1　(b)开水设施2　　　　(c)开水设施3　　　　　(d)开水设施4

图4-10　常见的开水设施示例图

对开水间使用现状反馈的问题进行归纳，主要有以下几个方面：

第一，空间方面的问题。由于前期需求不明确或设计疏忽，未考虑开水房或开水设施所需的空间，导致在投入使用后，需要在其他功能空间内通过改造增设开水设施。

第二，功能方面的问题。开水间（设施）未考虑置物台、洗涤池和相应的给排水设计等配套功能，造成使用不便。开水设施的数量少，不能满足日常使用需求。

第三，环境方面的问题。开水间有水蒸气，部分开水间缺乏通风排气设计，对建筑物材料的耐久性有影响。有的清洁用具放置于开水间内，没有洁污分区。

第四，安全性方面的问题。部分学生反馈，开水有"铁锈味"或其他怪味，因此对开水设施的卫生条件感到不安。

第五，细节方面的问题。有的高校配置的开水设施数量少、有的功能配置不全、有的设备型号不利于实际使用等，都是调研中存在的细节问题。

第六，行为习惯方面的问题。未考虑部分有喝茶习惯的使用者需求，部分开水间未设过滤池，倾倒的茶叶易造成洗涤池堵塞。

开水间(开水设施)极大地方便了学生的生活，从其使用现状问题可以了解使用者未被满足的需求。如开水设施的有无及数量多少应根据使用需求进行配置；开水设施的卫生条件应达到标准，保证饮用水的安全、卫生；开水器的型号应符合日常使用习惯，减少人员烫伤的安全隐患；开水设施的配套功能应齐全，并注重细节设计，减少使用上的不便等。

事实上，《规范》规定了宿舍建筑内每层宜设置开水设施或开水间。

2. 公共厨房

《规范》定义公共厨房是供居住者共同使用的加工制作食品的炊事用房。在以往的我国高校学生宿舍中，公共厨房较为少见，造成差异的主要原因是生活习惯的差异，配建标准、教育理念和管理方式的不同等。在曹敏的调研中，我国学生对厨房的需求只有少部分学生(26.1%)认为需要或有必要设置。在罗莹英的调查中显示78%的学生认为公共厨房不重要；受居住模式和传统文化的影响，我国学生习惯去食堂就餐。我国人口基数大，与社会发展水平相适应的学生宿舍的配建标准有限(本科生生均10 m^2，研究生和博士生分别补助5 m^2 和 10 $m^{2[24]}$)，而国外的建设标准较高，如美国规定贷款建设的宿舍人均面积为 24~25 m^2。考虑尊重留学生的生活习惯，普通高等学校建筑面积指标规定留学生生活用房的建筑面积指标为 28.5~31.66 m^2。在以往的教育理念中，学生宿舍仅为居住场所，这也是在国内学生宿舍中没有厨房的原因之一。

随着教育理念和社会环境心理学的发展，我国不少高校开始重视将课外学习、社交等融入学生的成长教育中，公共厨房也不再仅仅是为学生提供日常煮食的区域，它与餐厅(休闲区域)结合起来形成公共空间，学生在这里等候、交往、聚会娱乐等。

调研的5所高校，高校D和高校E为住宿式书院制学生教育管理模式(书院制)[25]，其学生生活区(书院)是承担学生思想品德与行为养成等教育的重要载体。高校E未考虑楼层或楼栋内的公共厨房，但在宿舍附近设置了公共食堂和餐厅。高校D校区宿舍楼每层均设置了公共厨房(含餐位)，部分与公共休闲空间复合形成多功能休闲交往空间，开水器置于复合空间的一角。将调研与文献资料相结合归纳公共厨房的现状问题，主要集中在以下几个方面：

第一，空间要素方面。大部分学生宿舍无公共厨房，未能满足小部分学生的需求，事实上是否设置公共厨房应考虑高校的生源、教育模式、管理模式等多种因素。反馈公共厨房空间(面积)大小的问题较少，如高校 D 宿舍楼中，使用公共厨房的人较多，但由于无储藏空间或储物架，学生自购的电气无处摆放。

第二，建筑功能方面。插座较少或位置不合适，部分电器使用需接拉插排。

第三，物理环境。噪声对居室有一定的影响；部分厨房采光条件差。

第四，心理、感官方面。公共厨房的用火、用电安全是人们最关注的问题。公共厨房是否整洁、明亮，影响着使用者的舒适度，调研中有些学生对部分公共厨房的复合空间进行了装饰，以便形成更好的氛围，公共厨房应在符合大众审美的同时富有"当代学生群体"的特色。图 4-11 所示为高校 D 书院楼层公共厨房及餐位。

(a)某书院公共小厨房及餐位

(b)某书院公共小厨房及餐位

图 4-11　高校 D 书院楼层公共厨房及餐位

宿舍内的公共厨房不是每所高校所必需的。公共厨房除了能提供学生所需的烹饪功能外，与休闲空间形成的复合空间，还能成为学生交往、聚会、娱乐休闲的场所；公共厨房(或相应的复合空间)比较吵闹，应重视其与居室之间的空间位置关系和隔音处理，在平面布局设计时应合理考虑与居室之间的动静分区。公共厨房空间除了要满足基本的功能条件外，还需考虑更多的储藏空间。厨房炊事活动会产生有害气体、食物也会产生气味，除了排油烟设施外，良好的通风条件是必要的；厨房产生的油烟、餐厨垃圾处理，以及如何让使用者自发的维护这个公共区域的卫生环境，是厨房设计和管理中要考虑的细节问题。利用公共厨房(或复合空间)营造温馨的家庭氛围或轻松的休闲氛围[26]，能帮助学生形成归属感和增加交流；通过鼓励学生在公共厨房边的餐位用餐，减少将食物带入居室，是一种行为习惯的引导。安全的设计和管理、整洁明亮的环境、符合大众审美的装饰装修、恰当的细节处理可以满足使用者对公共厨房的舒适性需求。

值得注意的是，厨房的设置不应一味地与国外宿舍进行对比，无论是配置标准还是空间大小都应符合国内社会和经济发展的实际情况，可参考国家规范标准的面积要求，例如《规范》中规定：宿舍建筑内设有公共厨房时，其使用面积不应小于 6 m^2。公共厨房应有天然采光、自然通风的外窗和排油烟设施。

3. 公共洗衣房

《规范》中对洗衣房的规定为：宿舍建筑内宜设公共洗衣房，也可在公共盥洗室内设洗衣机位。《规范》的条文解释中提及：在被调查的宿舍中，80% 以上的新建宿舍都在每层放置洗衣机或在底层集中设有洗衣房，洗衣房已成为宿舍不可缺少的辅助用房。根据调研，洗衣机位的数量在 50 ~ 60 人/台基本满足使用要求。

《规范》是建筑设计的下限标准，并不能完全反映使用者的需求。

公共洗衣房的主要问题集中在以下几个方面。

第一，整体的功能规划和空间方面。在 5 所高校的调研中，洗衣房的位置有的分散设置在几栋建筑的架空层、有的在建筑群首层集中设置 1 个大洗衣房、有的在宿舍楼屋顶层上设置洗衣房、有的老旧宿舍未设洗衣房(在每层配置了洗衣机)。当洗衣房的位置远离晾晒区时，不方便衣物晾晒或收纳。有的洗衣房位于办公区尽端式走廊尽头，来往的洗衣人群对教师办公区的影响较大。调研显示洗衣房的利用频率较高，当洗衣房面积偏小时，能够摆放的洗衣烘干设备较少，部分学生反馈可用设备少。

　　第二，建筑功能构成(含设备设施)方面：洗衣烘干等设备无法显示洗衣状态和剩余时间，大多数洗烘机也不支持状态提醒，常常存在衣物洗完无人取出的情况。有的排水设计考虑不周，如烘干机的水直排到室外地面(图4-12)。

　　第三，环境方面。由于可开启窗面积小，自然通风差，虽然已经有较为完善的空调设备，但洗衣房的空气质量仍然不佳。

　　第四，安全性方面。部分插座未使用安全插座，存在安全隐患。

　　第五，细节方面。洗衣机、烘干机报修后不能及时维修，影响使用。有的楼栋无直达电梯到达位于屋顶的洗衣房，造成使用不便。洗烘设备的收费标准不统一，有的高校洗烘设备收费偏高，被学生"抱怨"收费贵；长期滞留的衣物未被及时领取和清理(图4-13)，影响后续使用。

图 4-12　烘干机排水管　　　　图 4-13　洗衣房堆积的衣物

　　第六，行为习惯方面。部分学生认为公共洗衣机的卫生条件差，部分学生认为不应该在公共洗衣机洗涤内裤、袜子等物品，部分学生认为男女生的衣物应该分开洗涤，这些都是不同个体之间的行为习惯或者认知之间的差异。这些意见反映出学生对公共洗衣机的卫生条件十分在意。

　　公共洗衣房大大方便了学生的生活，通过现状问题可以反映出学生们的使用需求。首先公共洗衣房使用的频率十分高，需求比较强烈。如某高校虽设置了洗衣房空间，但学生入住后公共洗衣房还未投入使用，学生们反馈没有洗衣房可用，不便利，相应的满意度评价较差。其次洗衣房的位置合理性、设备是否充足、修理是否及时、解决衣物滞留问题的措施都是影响其便捷性的重要因素。另外使用者对洗衣房的需求还有安全性、通风条件、使用设备的收费应合理、设备显示洗衣状态和智能提醒等，甚至在洗衣房附近配设休闲等候区（图4-14）等都是应被重视的需求。

图4-14　高校 D 逸夫书院洗衣房中的等候区[25]

4. 公共厕所

《规范》中定义公共厕所是用作便溺、洗手的公共空间。公共厕所向楼栋附近活动的人群开放，便于物业管理人员、教师、学生、来往其他人群就近使用；公共厕所作为公共配套服务设施，是宿舍区域的必要功能空间。图 4-15 所示为高校 E 多层宿舍区的公共厕所。

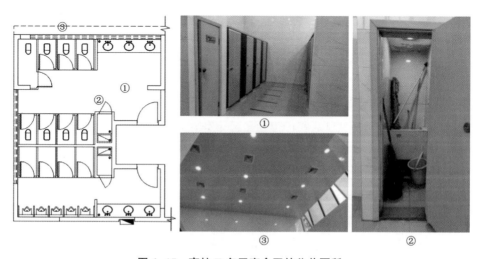

图4-15　高校 E 多层宿舍区的公共厕所

公共厕所与卫生间的问题基本相似，当公共厕所的服务半径过大或配置不足时，管理工作人员、在公共空间活动的学生、穿梭来往的学生、教师和其他人群使用公共厕所都需要步行较远的距离，给使用带来不便。

在《规范》中有关于公共厕所的规定：楼层设有公共活动室和居室附设卫生间宿舍建筑，宜在每层另设小型公共厕所……而楼栋附属公共厕所作为公共配套服务设施，在规范中无明确的服务半径规定，可参照《城市居住区规划设计标准》（GB 50180—2018）中附录 B 中"5 min 生活圈"居住区配套设施设置规定，各高校可结合实际使用需求确定配建方式，建议服务半径不超过"5 min 生活圈"，设置在人流量大或靠近活动室或室外活动场地的区域。

公共厕所与卫生间的功能相似又有区别，它的主要功能有便溺和洗手的功能；除前文卫生间所提出的需求外，由于进入公共厕所人群的随机性特点，对公共厕所的安全性、隐私保护、清洁卫生、通风排气、设施的适用性等提出了更高的要求。可以通过调研了解公共厕所的主要使用者，匹配其实际需求，根据其行为习惯配置合理比例的便器。公共厕所应重视清洁工具间的功能配置，《规范》建议"宿舍建筑内每层宜设置清洁间"。公共厕所应该在细节上优化设计（如厕位开门方式、地面的抗污防滑等），提高公共厕所使用舒适度。值得注意的是，公共厕所的使用者可能是本校教师学生、外校流动人口、交流考察人群等，它是容易被忽视的"形象展示窗口"。

5. 垃圾收集间

《规范》规定：每栋宿舍应设置垃圾间，垃圾收集间宜设置在入口层或架空层。居住者的生活垃圾若无暂存收集点和统一管理，很容易导致宿舍环境的脏、乱、差，特别是夏季垃圾所产生的气味难闻，容易招来蚊虫。

调研的 5 所高校，均未设置垃圾收集间，采用垃圾桶收集垃圾，再由保洁人员逐层逐点收集清运。垃圾桶在不同高校分别放置于走廊尽端、走廊中间段、公共卫生间内、楼梯间内外和首层架空层等地。有的高校垃圾收集方式是由置于楼内的垃圾桶收集，在夜间清运，而夏季垃圾易产生异味，引发居住者的不适；部分高校快递垃圾随意丢弃在垃圾桶四周；宿舍楼无电梯时，由保洁人员多次搬运，不人性化；有的垃圾桶影响人员疏散等。

很多宿舍楼的垃圾收集间由垃圾收集点（垃圾桶）替代。无论是垃圾收集间还是垃圾收集点，均需要注意卫生条件，如易清洁的地面和有冲洗清洁的条件；除了必要的功能条件外，垃圾收集点（间）的位置还需考虑垃圾外运的需要,一般可设在建筑入口层或架空层(图4-16),也可以按整体规划组团统一设置(图4-17)。

图4-16 架空层的垃圾收集点

图4-17 宿舍楼附近的垃圾收集点

从2015年9月中共中央、国务院发布《生态文明体系改革总体方案》提出加快建立垃圾强制分类制度、2017年3月国家发改委和住建部联合发布的《生活垃圾分类制度实施方案》到2019年6月住建委等九部委共同发布《关于在全国地级及以上城市全面开展生活垃圾分类工作的通知》,中国垃圾分类逐步开始实施,根据计划到2020年,46个重点城市基本建成生活垃圾分类处理系统,虽然受到"新型冠状病毒肺炎"疫情的影响,垃圾分类的推进进程受到些许影响(但同时也让人们对环境卫生和保护有了更迫切的需要),笔者相信在不久的未来,垃圾分类会成为人们普及的行为习惯。高校应倡导垃圾分类。

通过调研访谈得知,将垃圾收集点设置于首层架空层并要求学生集中投放,垃圾收集和卫生情况均较好,所以相较于分散设置垃圾桶,更建议统一设置垃圾收集点或垃圾收集间,其设置应考虑垃圾分类的条件,并通过宣传教育引导学生进行垃圾分类投放。校区内无明确规定必须设置垃圾转运站,根据《深圳市城市规划标准与准则》关于小型垃圾转运站的配置标准(服务半径宜控制在400~1000 m,服务规模2~3万人),笔者建议根据实际情况,在有条件的情况下设置垃圾转运站。

4.2 学习需求

学习需求是求知需求的一种。学生在居室空间(书桌)、公共学习空间进行自主学习,或参加学习讲座、研讨会等团体活动,都体现了他们的学习需求。随着教育理念的发展革新,宿舍成为高校教育的"第二课堂"。"书桌"包含在居室部分的内容中,此节主要讨论公共学习空间的需求。

本书中的公共学习空间是指位于学生宿舍内,供学生和老师进行学习活动的空间。公共学习空间主要有自习室、阅览室、研讨室、小教室(含多媒体教室、阶梯教室)、音乐室、美术室、书法室、琴房、舞蹈室、体育室、创客空间、展览空间等,每所高校根据实际需要设置相应的公共学习空间。

随着大学扩招,大学校园呈"城镇化"的发展趋势[14],学生生活区变大,宿舍距离图书馆和教学区的距离较远;宿舍居室利用上床下桌设置学习空间,提供了便利的个人学习条件,但学生之间较易互相干扰,部分学生期待在生活区设公共学习空间。不同高校、不同专业和不同的个人对学习空间的需求不同。调研显示,5 所高校在宿舍学习时间超过 1 h 的学生为 56% ~ 78%,部分学生反馈生活区需要公共学习空间的比例较高,特别是未设公共学习空间且生活区与图书馆较远的高校 B 和高校 C,认为需要或可以有学习空间的学生比例超过了 90%。

通过调研可知,5 所高校仅有一所高校在生活区设置了专用的公共学习空间,如阅览室、研讨室、迷你阶梯教室、书院读书屋等。另一所高校宿舍楼每层设置了活动室兼学习室,但由于活动人群对学习者有一定的干扰,且未考虑学生使用电脑的需求,用电插座设置不足等问题导致利用率不高。另外 3 所高校未在生活区设公共学习空间。

不同的学生对宿舍内公共学习空间的需求有差异[26]。关于是否需要设置公共学习空间,设置哪些公共学习空间,需要根据不同高校的校园规划及学生群体特征来统筹考虑。《规范》提及:宿舍宜接近工作和学习地点。考虑一般人的步行速度和步幅,学习地点建议不超过 250 m,即约为 3 min 的路程,以便使用便利;当距离较远时,学生在下课回到宿舍休息或洗漱后,一般不愿意再步行到教学区的教室或图书馆学习。当学生生活区与教学区或图书馆距离较远或学生群体有迫切的学习需求时,建议设公共学习空间,例如自习室、教室和研讨室等。除了设置公共学习空间外，安静舒适的室内外环境、良好的采光通风、合理的夜间阅读照明、完善的用电设施是保障学习空间使用便利的基础条件。至于怎么在有限的面积范围内合理进行规划设计，为学生提供便利的学习条件，需要根据实际项目进行分析，并通过合理的规划和建筑设计来实现。

关于公共学习空间的需求，与学校的教育理念、学校的整体规划和学生群体的特征(专业、特长、兴趣爱好和学习积极性等)相关。在高校学生宿舍生活区内设置公共学习空间，能满足部分学生迫切的学习需求，对引导学生群体利用课外时间学习、形成良好的学习氛围也有积极作用。大部分高校学生希望宿舍区有学习空间，而目前在生活区与教学区通勤时间较远的高校，特别是实行"书院制"教育理念的高校，对打造公共学习空间比较重视。生活区内设置公共学习空间能弥补各校区之间远距离通行不便的缺点，能够增加学生学习的积极性。

4.3 社交需求

高校学生正处在青春期，正在逐步形成友情和爱情的认知。高校校园是一个"小型社会"，有利于学生学习自我表达和与人沟通。传统的教育认为公共空间是"浪费"的非功能空间[27]，随着教育理念的发展，教育不仅限于课堂内的知识学习，课堂外的各种素质教育被更多的重视起来。学生之间的各种交流活动，对塑造学生品德和提高社交能力有着较大的帮助，而这些活动常常发生在各种公共空间。

随着人们之间交往方式的改变，对于公共(交往)活动空间的需求也呈现多样化的需求。建筑通过各种不同的公共活动空间，来满足使用者不同的需求。《规范》中对公共活动室的定义是：供居住者会客、娱乐、小型集会等活动的空间。统计目前高校学生宿舍内常见的公共活动空间主要有会客会谈、娱乐休闲、举办社交和学习活动的空间等。如多媒体活动室、电视游戏房、台球室、健身房、水吧等，另外还有架空或半开敞公共休闲平台、活动广场(图4-18)等。

通过调研可知，各高校都十分重视打造公共活动空间。由于受到现实条件的限制、学生个体差异化需求等多方面的原因，公共活动空间的"活力"有待提升。

图 4-18　高校 E 的活动广场

　　归纳文献和现状调研中公共活动空间的主要问题有：

　　第一，整体的功能规划。①缺乏多层次的公共活动空间。调研的 5 所高校中，有在入口处设有会客室的，有在宿舍套间内设公共客厅的，有在建筑内标准层设公共活动平台（但未被利用）的，还有在宿舍设楼层公共活动室和各种特定功能的活动室的，并利用架空层、裙房屋顶或连廊设置室外公共休闲空间。不同的活动和不同的人数对公共活动空间的需求不同，例如普通的交流活动在居室内可以开展，而小型聚会、休闲娱乐需要一些可以进行娱乐活动的公共活动空间，正式的各种学生交流活动需要教室、公共活动室或多媒体活动室等。建议每所高校在有限的条件下尽可能设置多层次的公共活动空间。②公共活动空间设置的不合理。有的高校十分重视公共活动空间的作用，但精心设计的公共活动空间却并未被很好地利用。这是因为，非目的性的交往活动具有随机性，它会发生在人流集中、条件便利的空间，而不是有空间和设施就一定会产生交往活动的。例如曲力明的调研显示，寝室中独立设计一定的公共活动空间（客厅、学习室）的使用情况和利用率都不太理想[21]。我们调研的高校中，在套间中设置的公共客厅利用率不高，部分学生表示他们在图书馆和实验室学习，很少使用公共客厅；另外还有学生提到公共客厅的卫生无人打扫，同时空调的使用需个人刷卡后才能供电，而无人愿意独自承担此费用也是利用率不高的原因；部分学生反馈这种公共活动空间压缩了居室的空间，他们更希望有更大的居室面积。

　　第二，功能方面。公共活动空间存在插座不够或位置不合理、灯具易坏、公共家具设施质量差等问题，这些问题影响了公共活动空间的使用。

第三，公共活动空间的使用便利性和舒适度方面。有的公共活动空间设计细节不够完善，有活动空间但并不利于开展活动。如很多高校学生宿舍设置了架空层，但无环境营造和提供驻足休息的设施，公共空间缺乏活力，使得架空休闲空间成为摆设。公共活动空间过于封闭或开敞，缺乏轻松活泼的半私密公共空间。事实上，学生交往活动多种多样，有的活动有私密性的要求，有的活动可以被围观但需要安静的环境，有的活动随机发生需要半私密的空间。例如学生在宿舍楼下讨论工作或学习、朋友和家人来校看望，均需有临时可以交谈的空间，这种空间对私密度有不同的需求。

第四，细节方面。公共活动空间的空调、电视机等遥控器常常被随意放置，不易管理。部分公共活动室难预约，使得可达性不佳。舞蹈室的音响电气设备多，存在插排乱接、各种电线杂乱的问题。

公共活动空间是大学生进行谈话交流、信息交换和组织各种活动的场所，当今大学生的交往方式多种多样，需求也呈现多样性的特点。环境影响行为，从整体规划上而言，建议设置多层次的公共活动空间，它的设置应符合人的行为习惯，整体环境应是让人感觉安全的、便利的、舒适的。有特殊使用要求的公共活动空间有更高的要求，例如多媒体活动室对声环境、音响系统、灯光系统等有更高的要求。

除以上公共活动空间外，学生的社团活动、党建活动和艺术创造、创业等活动常在生活区发生，相应的学生工作需要固定的公共工作空间，它是参与学生管理工作或参与社会实践活动的学生团体所需的工作场所。但此类公共工作空间一般也与校区的活动空间结合设计。这种活动室的使用需求一般比较简单，设计时可结合高校具体情况分析，由使用方提出空间需求，如办公、创造（作）、会议、活动和储物需求等（图4-19）。

值得注意的是，在具体项目设计中，受到建设规模、造价等条件限制，可被用来设计为公共活动空间的面积十分有限，故公共活动空间的设置应与学生宿舍的整体设计统筹考虑。一方面公共活动空间是必不可少的交往空间；另一方面过多的公共活动空间会占用学生宿舍其他功能空间的面积。如何使面积分配合理，又有利于促进学生的交往活动呢？公共活动空间精心的规划与设计显得尤为重要，切忌不符合人的行为习惯、尺度空乏、细节粗糙等。

图 4-19　高校 D 书院学生工作间和仓储间

4.4　本章小结

　　本章在住居学理论、需求理论、行为心理学理论和环境心理学理论的基础上，对高校学生宿舍的主要使用需求，即居住需求、学习需求和社交需求三个方面进行了分析。从使用者的各种活动所需的建筑空间、功能、环境，以及影响人的心理、感官和行为习惯因素等方面归纳使用现状问题，并分析使用者未被满足的使用需求。

　　无论是哪种功能空间，除了要组织合理的平面布局、合理设计空间要素，注重内部功能设计外，还需考虑各种设备设施使用上的便捷性和安全性，并考虑使用者的舒适度、私密性、领域感、个性化需求等多种心理需求。

第 5 章
需求导向的高校学生宿舍建设对策

需求导向的高校学生宿舍建设是指以建筑产品使用者(即用户)的需求为导向进行高校学生宿舍建设活动。本书在现状和需求调研的基础上进行需求分析和需求总结,基于需求工程理论提出了需求预估的流程,为以需求为导向的高校学生宿舍建设及其他类似工程建设提供参考。

5.1 基于需求的高校学生宿舍建设理论依据

5.1.1 以人为本

以人为本指以人为价值的核心和社会的本位,把人的生存与发展作为最高的价值目标,一切为了人,一切服务于人[28]。以人为本的理念贯穿于高校教育体系中,体现在以学生为主体,重视学生的独立性、个性,引导学生实现自我认识、管理、服务等。随着教育理念的发展,高校学生宿舍被认为是学生的"第二课堂",学生宿舍的建设围绕着使用者的需求进行,秉持了人文关怀,为使用者提供了便利、舒适的居住、学习环境。

在过去社会经济水平普遍不高的时代,高校学生宿舍只能满足基本居住的需求。随着人们生活水平的提高和对美好生活的向往,使用者对高校学生宿舍的需求也在变化。例如,除了为使用者提供便捷、舒适的生活环境外,还需要考虑他们的个性化需求,目前大多数高校学生宿舍设置了楼层公共卫生间或居室附设卫生间，大大提高了生活的便利性。高校学生宿舍或周边提供开水设施、自动售货机、洗衣房、收发快递室、便利店等配套公共设施，更符合学生的实际使用需求。宿舍内上床下桌的布局方式，使学生有了更私密的个人空间。有的高校学生宿舍还配设床帘、床边阅读灯等，能更好地满足学生的个性化需求。有的高校学生宿舍通过配置学习空间、活动空间、休闲空间、创作工作空间，来满足学生的个性化学习、活动和工作需求。另外，各种智能化设备运用于学生宿舍中，大大减少了重复的管理工作等。

5.1.2　需求工程

需求工程是指系统工程的子集，涉及识别、开发、跟踪、分析、检验、沟通和管理在连续抽象层级上定义系统的那些需求。其中系统是指按某个组织方式协同工作来达到某些预期结果(即需求)的多项构成要素的某种集合。每个系统都可理解为是一个更大规模外围系统的组成部分。[29]例如，高校学生宿舍建设系统由各子系统构成，各子系统互相协同工作以满足人在其中活动的各种需求，它也是学生生活区系统的组成部分。

建筑工程是一个系统工程，其中建筑的需求工程是整个系统的一个子集，它包含工程项目需求的识别、分析、管理等多个主题，通过跟踪、检验、沟通等活动使其成为连续的和可被追踪的过程。其中需求的识别和分析是所有需求管理活动的前置条件，也是需求导向的高校学生宿舍建设研究的重点内容。

"处理各种需求是每一个工程项目的基本任务。"[29]对于建筑工程而言，对需求的识别和确定从全寿命周期开始就进行了。工程项目的全寿命周期分为前期决策阶段、设计阶段、施工阶段和使用阶段(图 5-1)。从前期决策阶段(含建筑预策划)开始进行需求识别和确定，是可以用较少的努力获得后期丰厚回报的质量控制方法。

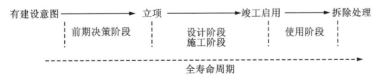

图 5-1　工程项目的全寿命周期示意图

　　进行需求识别时，首先应该区分清楚问题域与解决域的不同内容（表5-1），然后区分需求的类型并设理想边界，这样有利于有层次地、有序地讨论和解决相关需求问题。

表5-1 　问题域和解决域[29]

需求层级	领域	角度	作用
利益相关方需求	问题域	利益相关方的角度	陈述，利益相关方希望通过使用系统实现什么目标；避免提及任何具体解决方案
系统需求	解决域	分析师的角度	抽象陈述，系统将做什么来满足利益相关方需求，避免提及任何具体设计
体系架构设计	解决域	设计人员的角度	陈述，具体设计如何满足系统需求

　　建筑工程系统需求的识别与不同层级的活动是相对应的。高校学生宿舍项目的不同层级需求之间的关系如图5-2所示，具体内容如下所述：

　　①有建设意图时的陈述需要。由高校高层管理者提出，也可称为顶层需求。

　　②前期决策阶段分析各利益相关方需求。

　　③根据利益相关方需求开发（转化为）宿舍建筑工程系统需求。

　　④设计、施工阶段通过体系架构设计来满足宿舍的建筑工程系统需求。

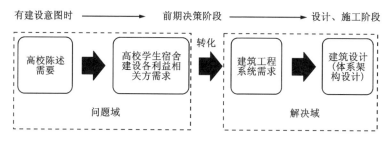

图5-2 　高校学生宿舍项目的不同层级需求之间的关系示意图

5.1.3　利益相关者

利益相关者是指与项目有直接或间接的利害关系，并对项目的成功与否有直接或间接影响的所有项目受益人、受害人以及与项目有关的政府组织与非政府组织。[30]一般公共建筑项目利益相关者有使用者(用户)及周边居民、建设单位、政府组织、土地所有者、承包商、勘察设计单位、监理单位、咨询单位、银行等。

5.2　高校学生宿舍需求总结

随着人们生活水平的提高和高校教育理念的革新，使用者对高校学生宿舍的需求增多，标准有所提高。为了符合使用者的需求，高校学生宿舍从"提供居住条件的建筑"向"具有居住、学习、社交和工作等复合功能的建筑"转变。《规范》对宿舍建筑功能的要点归纳如表3-2所示。《规范》是建筑设计的下限，在实际的建设中，需根据项目情况进行需求分析。本节在分析前文使用需求内容的基础上，对高校学生宿舍使用需求及建筑工程系统需求(即建筑功能需求)进行总结，形成参考信息表，以便为后续高校学生宿舍建设提供参考。

5.2.1　使用需求信息指标

本小节以高校学生宿舍的使用现状、使用需求分析及相关理论为基础，对使用需求进行归纳总结，构建高校学生宿舍使用需求信息指标表。使用需求信息指标表用于对使用者的需求进行识别、沟通和确认。

使用需求信息指标表从不同使用者的角度剖析其使用需求。高校学生宿舍的使用对象主要有高校决策层、学生、学生事务管理老师和导师、后勤服务管理者等。高校决策层的需求体现在宿舍建筑的规划与设计能够有利于学校的发展，并考虑现在、未来的发展需求。学生是宿舍的使用主体，其需求体现在居住的基本生活、学习、社交等方面的需求。学生事务管理老师和导师围绕学生开展各种工作活动，其需求体现在工作和配套基本生活需求方面。后勤服务管理者为宿舍的正常运转提供各种服务。后勤服务由于工作性质的区别及需求的差异，从宿舍管理人员、物业管理人员、工程维修保障人员的角度分别提出需求，包含了工作、配套基本生活和生理需求几方面。以上内容构成了使用需求信息指标表的一级指标。

二级指标是对一级指标的细分，例如学生居住需求细分到人的各种行为，有睡眠、休息、储藏、便溺、洗漱、晾晒、洗衣、饮水、饮食等方面的需求。使用需求信息指标表中对相应的指标阐述了其内涵，具体内容详见表5-2。

表5-2　高校学生宿舍使用需求信息指标

使用对象	一级指标	指标内涵	二级指标	指标内涵
高校决策层	学校发展需求	规划与设计能够有利于学校的发展，并考虑现在、未来的发展需求	当下的发展需求	建筑符合当前社会技术经济发展水平，应符合学校发展方向和教育理念，满足当下（如15年内）的使用需求
			百年高校的使用需求	考虑未来的建筑改造、设备设施维护及拆改等需求
			建筑的价值需求	体现高校历史、人文、科技、艺术等需求
学生	居住需求	能够维持学生基本生活的需求，与人的生理需求密切相关	睡眠需求	维持人体生存所必需的基本活动。对建筑内的睡眠空间、家具设施、室内外环境等有一定的要求
			休息（休闲）需求	保证身体和精神健康所必需的基本活动。除睡眠休息外，短时间休息（休闲）对建筑内的休息（休闲）空间、家具设施、室内外环境等有一定的要求
			储藏需求	保证日常基本生活活动所必需的储物功能。对建筑内的储藏空间、储物设施有一定的要求
			便溺需求	维持人体生存所必需的基本活动。对建筑内的便溺空间、设备设施、室内环境（含隐私）等有一定的要求

续表 5-2

使用对象	一级指标	指标内涵	二级指标	指标内涵
学生	居住需求	能够维持学生基本生活的需求，与人的生理需求密切相关	洗漱需求	保证身体和精神健康所必需的基本活动。对建筑内的洗漱空间、设备设施、室内环境等有一定的要求
			晾晒需求	辅助身体健康的基本生活活动。对建筑内的晾晒空间、设施、室外环境等有一定的要求
			洗衣需求	辅助身体健康的基本生活活动，对建筑内的洗衣(空间)、设施、室内环境等有一定的要求
			饮水需求	维持人体生存所必需的基本活动。对提供健康饮水的空间、设备设施、室内环境等有一定的要求
			饮食需求	维持人体生存所必需的基本活动。对建筑内或建筑周边提供的饮食空间、设备设施、室内外环境等有一定要求，能满足学生个性化饮食需求
	学习需求	能够满足学生求知活动的需求	自主学习需求	能够满足学生自发的学习活动，可以是独自学习，也可以是处于学生群体中进行自主学习。对学习空间、设备设施、室内外环境等有一定要求
			举办学习类活动需求	能够满足学生群体组织参与的学习类活动，如学习沙龙、讲座、研讨会、书法交流等。学习类活动对空间、设备设施、室内外环境等有一定的要求，有的特定的学习内容有特殊要求

续表5-2

使用对象	一级指标	指标内涵	二级指标	指标内涵
学生	社交需求	能够满足学生社交活动的需求	沟通交流需求	保证人身心健康的必要活动，线下的沟通交流活动在建筑中可以随时随地发生。为了促进学生之间的交往活动，对交往空间的设置、室内外环境和设备设施有一定的要求
			娱乐休闲需求	促进学生在轻松环境中进行交往活动。对空间、设备设施和室内外环境有一定要求
			举办社交活动需求	能够满足学生群体组织参与的社交类活动，如举办晚会、班级活动聚会、交友活动等。社交类活动对空间、设备设施、室内外环境等有一定的要求
		能够满足学生社团活动的需求	学生社团工作需求	能够满足学生群体组织各种学生活动所需的办公条件。对空间、设备设施有一定的要求
			物料及资料存储需求	保证学生社团活动、工作开展所必需的储物功能。对建筑内的储藏空间、储物设施有一定的要求
			创作或创业需求	鼓励学生群体运用知识创作或参与社会工作的举措。对空间、设备设施、周边环境等有一定的要求

续表 5-2

使用对象	一级指标	指标内涵	二级指标	指标内涵
学生事务管理老师和导师	居住需求	能够满足导师值班的居住需求	与学生的基本生活需求相似	主要涉及睡眠、休息、储藏、便溺、洗漱、晾晒、洗衣、饮水、饮食的需求；建议综合考虑学习和接待的需求。对空间、设备设施、室内外环境有一定的要求
	工作需求	能够满足老师工作活动的需求	日常办公需求	能够满足学生事务管理老师、导师、专业心理辅导老师、学生助理所需的办公条件。对空间、设备设施、室内外环境有一定要求
			学习、会议讨论需求	能够满足学生事务管理老师和导师组织学习讨论和会议讨论的需求。对空间、设备设施、室内环境有一定的要求
			物料及资料存储需求	存储工作相关的物料、资料和档案的需求。对空间、设备设施、室内环境有一定的要求
后勤服务管理者 宿舍管理人员	宿舍管理者工作需求	能够满足宿管工作活动的需求	楼栋安全管理需求	通过管理人员进行楼栋的出入管理，避免闲杂人员进入楼栋，尽量保证居住环境安全。对空间、设备设施有一定要求
			楼栋卫生管理需求	通过人员管理和保洁活动基本保证楼栋的卫生环境。对保洁工具的储藏空间、基本设备设施和垃圾收集处理有一定要求

续表 5-2

使用对象		一级指标	指标内涵	二级指标	指标内涵
后勤服务管理者	宿舍管理人员	宿舍管理人员的基本生活需求	能够满足宿管值班人员的基本生活需求	休息(睡眠)需求	保障夜间值班期间人体健康的需求。对睡眠空间、家具设施等有一定的要求
				便溺需求	维持人体生存所必需的基本活动,若楼栋仅设一名宿管人员,应考虑就近的便溺条件。对空间、设备设施、室内环境(含隐私)等有一定的要求
				洗漱需求	能够满足夜间值班人员保持良好精神状态的要求。对洗漱空间、设备设施、室内环境等有一定的要求
	物业管理人员	物业管理人员工作需求	能够满足物管工作活动的需求	日常办公需求	能够满足物业管理工作人员所需的办公条件。对空间、设备设施、室内环境有一定的要求
				会议讨论需求	能够满足后勤服务管理者组织会议讨论的需求。对空间、设备设施、室内环境有一定要求
				物料及资料存储需求	能够满足存储工作相关的物料、资料和档案的需求。对空间、设备设施、室内环境有一定的要求
	工程维保人员	工程维保人员工作需求	能够满足工程维保工作活动的需求	日常办公需求	能够满足工程维修人员所需的办公条件。对空间、设备设施、室内环境有一定的要求
				物料及资料存储需求	能够满足存储工作相关的物料、资料、档案和工程维修维护工具的需求。对空间、设备设施有一定的要求

续表 5-2

使用对象	一级指标	指标内涵	二级指标	指标内涵
后勤服务管理者	后勤服务基本生理需求	能够满足后勤服务人员全天工作的生理需求	更衣需求	能够满足工作人员进行服装更换的需求。对空间、设备设施、室内环境(含隐私)有一定的要求
			饮水需求	保证工作人员身体健康的需求。对提供健康饮水的空间、设备设施、室内环境等有一定的要求
			饮食需求	维持人体生存所必需的基本活动。对建筑内或建筑周边提供的饮食空间、设备设施、室内外环境等有一定的要求
			便溺需求	维持人体生存所必需的基本活动。对空间、设备设施、室内环境有一定的要求
所有使用者	交通联系需求	能够提供建筑的内部交通联系(接口)需求	水平交通联系需求	保证楼层平面各空间之间的交通联系,保证人在水平空间流动的需求。对空间、设备设施和室内环境有一定的要求
			垂直交通联系需求	保证各楼层平面之间的交通联系,保证人在垂直空间流动的需求。对空间、设备设施和室内环境有一定的要求
			交通集散区域需求	满足流动中的人群集散的需求。它有水平交通联系和集散的作用。对空间、设备设施和室内环境有一定的要求

续表 5-2

使用对象	一级指标	指标内涵	二级指标	指标内涵
所有使用者	交通联系需求	能够提供建筑之间或建筑与周边环境之间的外部交通联系（接口）需求	生活区内交通需求	保证宿舍建筑与生活区其他建筑、外部环境的交通联系，满足人的流动需求。除交通管理相关制度外，对道路(交通网)、交通设备设施有一定的要求
	生活配套需求	能够为使用者提供生活配套服务需求	停车需求	满足机动车和非机动车的停放、充电、管理等需求。对空间、设备设施、室内外环境(含交通联系)有一定的要求
			（集中）饮食需求	满足居住者便捷饮食的需求。对餐厨空间、设备设施和室内外环境有一定的要求
			购物需求	满足居住者购买生活、学习等相关用品的需求。对空间、设备设施、室内外环境(含交通联系)有一定的要求
			邮件收发需求	满足居住者收发邮件的需求。对空间、设备设施、室内外环境(含交通联系)有一定的要求
			医疗需求	满足居住者调节、调理身心健康和紧急伤害处理的需求。对空间、设备设施、室内外环境有一定的要求
			金融服务需求	满足居住者集中办理金融服务的需求。对空间、设备设施、室内环境有一定的要求
			文件处理需求	满足居住者办理文档复印、打印、扫描、传真、装订等的需求。对空间、设备设施、室内环境有一定的要求

续表 5-2

使用对象	一级指标	指标内涵	二级指标	指标内涵
所有使用者	生活配套需求	能够为使用者提供生活配套服务	设备用房需求	具有保证生活所需的设备系统（接口），如配电房、水泵房、消防控制室等。对空间、设备设施、室内环境有一定要求。
			其他需求	满足其他生活辅助需求，与校园整体规划同步进行，如广播室、幼儿园、垃圾处理站等
	整体环境营造	提供能够满足使用者心理、感官需求的环境	地理环境	充分考虑地理气候的影响
			室内居住环境	保证居住者身心健康所需的环境，如室内装饰（色彩、材料质感等）环境、物理环境和卫生环境等
			室外环境	包括自然和人文景观场所的营造。对空间、绿植、外立面、地面、雕塑、标识、光照等有一定的要求；建议体现地域文化和高校的人文历史特征，营造校园文化氛围。室外环境营造要考虑充分利用自然环境，减少对自然环境的破坏，注重绿色环保等
			安全环境	创建安全校园环境，如利用门禁、监控、宣传等手段管理和创建安全校园

　　高校学生宿舍的建设受到多面的约束，如政府机构、特殊行业机构、使用者、建设者、勘察设计单位、施工单位、监理单位等，如表5-3所示。利用使用需求信息指标表进行需求识别时，不同的项目需要根据具体情况进行取舍或补充，实事求是地考虑约束条件。使用需求信息指标表和约束条件表能为高校学生宿舍建设提供参考。

表5-3　高校学生宿舍建设的约束条件

利益相关者	约束条件
政府机构	满足教育发展需要、建筑规模的要求、工程预算控制要求、城市规划设计要求、用地相关要求、建筑设计相关要求、消防救援相关要求、城市交通相关要求、环境保护要求、生态绿色建筑相关要求……
特殊行业机构	燃气管网的接入、通信的接入、避免与地铁轨道之间相互影响……
使用者	使用安全、使用便捷、使用舒适、心理舒适、符合人的行为习惯、符合使用者的文化模式、易于维护、环境保护……
建设者	质量控制、进度控制、成本控制、资源控制、风险控制……
勘察设计单位	满足勘测条件、明确使用需求、满足规划建筑设计要求、符合设计理念和原则……
施工单位	现场施工条件、建筑材料、施工技术、施工安全、文明施工、风险控制的限制……

5.2.2　建筑系统需求

规划与建筑设计的根本目的是创造实用、健康、安全、节约资源和有利于环境保护的建筑空间、场所等人工环境，满足人们的各种使用需求[7]。在进行具体的设计之前，须将使用需求转化为建筑系统需求（即建筑功能需求），并形成设计任务书来指导建筑设计。在实际项目中，使用需求转化为建筑系统需求，需要专业技术人员主导并引导建设单位和使用单位协同完成。

表5-4根据第4章的使用需求分析，归纳整理了高校学生宿舍主要使用需求（居住、学习、社交和工作需求）和相关的建筑功能空间。

建筑除了要提供满足使用者进行活动的功能空间外，还要满足使用者的一些其他需求，例如，建筑要与校园文化相融合；具有一定的建筑艺术和科学技术等价值；具有前瞻性；未来被改造的可能性；便于使用、维护及拆改的设备设施；让人感到舒适、健康和安全的环境；符合使用者的行为习惯和文化认知等需求。

表 5-4　使用需求与宿舍建筑功能空间对照参考表

使用需求		功能空间		
		活动空间		联系空间
居住需求	睡眠	居住基本单元	居室	走廊 门厅 电梯 楼梯
	休息			
	储藏			
	便溺		卫生间	
	洗漱			
	洗浴			
	晾晒		阳台	
	洗衣	居住辅助空间及设施	洗衣房	
	饮水		开水房、开水设施	
	饮食		厨房、食堂	
	垃圾弃置		垃圾收集间	
求知需求	自发学习需求	学习空间	书桌	
			阅览室、自习室等公共学习空间	
	互动式学习需求		探讨室、多媒体室等提供讨论、讲座等公共活动的空间	
社交需求	非正式社交活动：自由交谈、娱乐休闲	公共活动空间	休闲、娱乐空间	
	正式社交活动：社团活动、宴会活动		活动室、活动厅等	
	学生活动组织需求		社团活动室	
工作需求	楼栋管理工作需求	公共工作及辅助空间	管理室、办公室、会议室、清洁间等	
	学习指导和管理需求		办公室、会议室等	

(注：活动空间与联系空间之间标有 "+" 符号)

不同项目，使用需求各有不同，与其对应的建筑功能需求也不同；同时，同一种类型的项目，使用需求存在共性，对其进行总结提炼形成图表，有利于后续同类型项目进行参考。

表5-5中的高校学生宿舍需求信息参考表从建筑功能空间和生活区规划两部分进行了归纳。使用功能空间围绕着居住基本单元、居住辅助空间及设施、公共学习空间、公共活动空间、公共工作空间、交通联系空间等建筑功能空间需求进行了简单陈述。如对居住基本单元而言，主要提出了舒适的居住环境、充足的储藏空间、合理的空间分隔、方便的卫生间使用条件和设施、充足和便捷的晾晒条件等几个方面的需求。在实际工程项目中，还需根据项目条件、使用者的需求和喜好倾向进行细化，如舒适的居住环境方面，一般会涉及平面布局、空间大小、家具及用电设施、物理环境（热环境、空气调节、采光、隔音等）、其他个性化要求等方面的需求，此部分内容在表中不进行拓展。

表5-5　高校学生宿舍需求信息参考表

使用需求	建筑系统需求（空间构想）		子系统支撑
★1.满足使用需求的建筑功能（空间） ★2.健康安全的使用环境 3.使用便利的设备设施 4.让人感觉舒适的设施和环境 5.符合使用者行为习惯和文化认知的建筑 6.结合实际情况综合考虑建筑的规模、功能、成本等 7.可改造的空间、先进的设备、便于维护或拆改的设备设施 8.蕴含校园文化、建筑艺术和科学技术等价值的建筑	居住基本单元	舒适的居住环境	建筑设计 结构工程 电气工程 给排水工程 暖通空调工程 燃气工程 智能化工程 装饰装修 设备设施 景观工程 绿色建筑设计 海绵城市设计 无障碍设计 安防设计 ……
		充足的储藏空间和合理的空间分隔	
		方便的卫生间使用条件和设施	
		充足和便捷的晾晒条件	
	居住辅助空间	便捷的洗衣条件	
		干净卫生和便捷的饮水条件	
		便捷和个性化的烹饪就餐条件	
	公共学习空间	可达性好、安静的公共学习空间	
		多层次、多种类的公共学习空间	
	公共（交往）活动空间	多层次的、可随机的驻足交谈的条件	
		多样的休闲娱乐活动空间	
		可举办多样化的社交活动空间	
		便捷的学生社团工作条件	
		有利于学生创业的环境	

续表 5-5

使用需求	建筑系统需求(空间构想)		子系统支撑
公共工作及辅助空间(学生事务管理)	人性化的工作条件		
	进行日常学生管理,全面指导学生生活,学习引导、心理辅导的工作条件		
公共工作及辅助空间(学生后勤服务和管理)	安全可靠的楼栋出入管理		
	干净有序的公共卫生环境		
	人性化的工作条件		
	必要的工作和储藏空间		
交通联络空间	完善、便捷的交通系统(建筑内的),与校园交通无缝对接		
校园交通规划	完善、便捷的交通系统(建筑内的)		
生活区配套服务设施	便捷的生活区配套服务设施		
环境营造	考虑当地的地理气候特征		
	健康舒适的居住环境		
	宜人的周边景观环境		
	有利于交往的室外公共空间		
	体现高校的人文特征		
	安全适用的社会环境		

注:★基本使用需求。

　　生活区规划从校园交通、配套服务设施和环境营造三个方面简单介绍。如宿舍建筑应与校园交通网络无缝对接,并共同构成完善和便捷的交通网络系统;尽量完善生活区配套服务设施,为使用者提供生活便利;营造舒适、宜人的居住环境,一般可从地理环境、室内居住环境、室外环境、安全环境等方面考虑。

　　不同的项目,可根据实际需要进一步细化建筑系统需求,可参考附录4的相关表格收集整理信息,最终形成设计任务书。设计任务书对建筑系统需求的描述,除了概括性描述外,还应包含各功能房间的名称、数量、面积及特殊要求说明(如层高、荷载等)和各专业设计要求等具体内容。

在分析了使用需求和约束条件,并将其转化为系统需求并形成设计任务书后,便可进行具体的建筑设计。

图5-3将使用需求、系统需求、建筑功能空间及支撑子系统设计内容(设计架构分析)之间的相互关系直观地展现出来,有利于建设方、使用方、咨询方、设计方、施工方、监理方等利益相关者统一需求信息,并在建设的各个阶段明确和跟踪管理相关的需求。

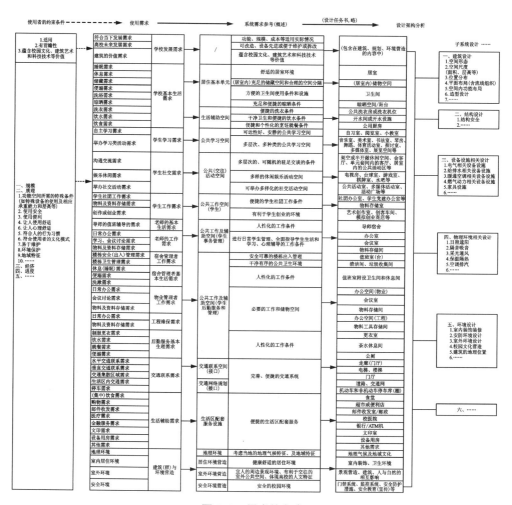

图5-3 需求信息表

5.3　基于需求的高校学生宿舍建设对策

　　需求导向的高校学生宿舍建设，首要任务是调查使用者的需求，对需求进行分析，形成明确、有序的使用需求信息。如何系统、有效地明确需求信息呢？本节提出基于需求工程理论的使用需求预估流程。

5.3.1　基于需求工程理论的使用需求预估

1. 使用需求预估的认知

　　使用需求预估并不是一个凭空的概念，而是相对于使用后评估而言的概念，它包含在建筑前期决策的内容之中。1969 年 William M. Pena 在 *Problem Seeking*：*An Architectural Programming Primer* 中论述了通过把项目信息和资料划分为功能、形式、经济和时间四大类，并均按目标、现状、概念、需要和问题五个步骤整理资料，找出并陈述问题，提出策划信息。他主张方案设计阶段对主要设计问题进行了解以研究设计方向和思路，设计后期才涉及结构形式、设备类型等细节内容。Robert G. Hershberger 提出以价值为基础的策划方法，他认为发掘关键的价值评估方法可作为设计师进行创作的线索，在 *Architectural Programming and Predesign Manager* 一书中提出基于价值的策划矩阵，纵向为包含人文、环境、文化、技术、时间、经济、美学和安全 8 个方面的价值领域，横向从价值、目标、事实、需要和理念 5 个方面分析。"建筑师帮助业主分析项目需求和限制条件并形成最终项目设计任务书"[31] 在 *Recommended Guidelines for the Accord on the Scope of Practice* 中被明确提出。庄惟敏等在《建筑策划与后评估》中构建了"前策划–后评估"的闭环理念[17]。2019 年发布的《关于推进全过程工程咨询服务发展的指导意见》中在提到项目决策、工程建设、项目运营过程中，对综合性、跨阶段、一体化的咨询服务需求日益增强，全过程工程咨询服务为固定资产投资及工程建设活动提供高质量智力技术服务，全面提升投资效益、工程建设质量和运营效率，推动高质量发展。[32]《绿色建筑评价标准》（GB/T 50378—2019）将预评价与评价进行了区分并做了相应的规定："绿色建筑评价应在建筑工程竣工后进行，在建筑工程施工图设计完成后，可进行预评价。"由此可见，"前策划和后评估"终将成为建筑全寿命周期的必要环节。

使用需求预估是在前期决策阶段或设计阶段对建筑使用者的需求进行识别、分析和确认的过程，有利于指导高校学生宿舍建设。它包含了使用需求明确和使用需求预评价两方面的内容。使用后评估主要是对建筑的使用情况进行调研，可为同类建筑的建设提供客观的资料和有价值的信息。使用需求预估、使用后评估与一般项目建设过程的关系如图5-4所示。

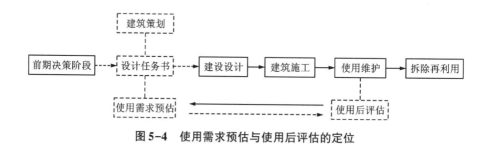

图5-4　使用需求预估与使用后评估的定位

（1）使用需求明确

在以往的高校学生宿舍建设活动中，由于拟写设计任务书的人员专业水平参差不齐，以及缺乏充分的调研和与校方有效的沟通交流方法等原因，导致形成的成果文件没有切实地反馈使用需求。

在实际工程项目中，设计人员常抱怨因需求不确定导致设计反复修改，管理人员常抱怨因需求不确定导致变更多，然而对于具体是什么需求，他们却难以与校方沟通确定。事实上，未形成有效的信息沟通文件，就没有既定可行的参考流程，各方的需求便难以落实。

对模糊的、不准确的需求进行识别和分析，构建需求信息文件，并最终以设计任务书的形式将各种需求规范表达，便是需求明确的过程。首先，在进行需求识别时，须区分为使用需求和建筑系统（功能）需求。在高校学生宿舍使用需求分析和总结中可知，使用需求来自高校决策层、学生和管理者，主要的使用需求有学校发展需求、居住需求、学习需求、社交需求、工作需求等，大部分使用需求来自高校教育功能需要、使用方的行为活动需要和心理需要等。以使用需求为根据，综合考虑各种约束条件，结合建筑的特性，围绕建筑功能空间及其子系统功能进行系统的需求分析，所形成的建筑设计条件，即为建筑系统需求，也就是建筑功能需求。其次，在进行需求沟通时，简单、有效的沟通文件是必要的，它可以成为咨询单位与高校方、建设方沟通的桥梁。高校学生宿舍需求总结所提供的参考表格（表5-5、表5-6）提供了一种基本的沟通文件，在实际项目中可参考表格信息进行调整，构建符合实际项目的需求信息文件并进行沟通和确认。最后，各方沟通确认的使用需求和建筑系统需求等内容，须以设计任务书的方式进行规范表达，形成建筑设计的指导性文件。

（2）使用需求预评价

使用需求预评价指设计单位根据设计任务书进行建筑设计后，专家组对图纸中表达的设计内容进行定性和定量分析并形成具体意见的过程。有时候，建筑设计未满足使用需求或存在不合理设计，还需要进行设计调整或优化。

实际上，建设项目组织方案评审、施工图审查等，就是对设计内容的技术评审，有的还会涉及部分需求评审，但很少有组织地、系统地对照使用需求或建筑系统（功能）需求进行图纸内容评审，即评审设计图纸表达的内容对使用需求或建筑系统（功能）需求的满足情况。

为了便于进行预评价，本书在现状调研、需求分析的基础上，对影响高校学生宿舍使用的主要因素进行了归纳和整理，构建了使用需求预评价指标体系。它从宿舍建筑（群）、生活区规划和环境营造三个方面（一级指标），从不同维度分析建筑对人的行为和心理的影响。其中，宿舍建筑（群）以建筑空间为对象，从建筑空间、位置分布、平面布局、空间（设计）、设备设施及使用条件、空间物理环境、室内装饰装修等进行多维度的评价。生活区规划以交通网络规划和生活配套两个对使用者有较大影响的因素为对象，从多维度进行了评价指标细化。环境营造关注环境对人心理的影响，指标体系从地理环境、室内居住环境、室外环境、安全环境四个方面，进行了多维度的评价指标细化，详见表5-6。除了表5-6中的预评价内容外，使用需求预评价须关注建筑设计是否符合高校的发展需求、是否与高校的教育理念相符；另外，还须考虑建筑设计是否满足各种约束条件的要求，如是否满足国家和地方规范、标准、规定等要求，如绿色建筑设计标准、装配式技术应用的相关规定等。总之，使用需求预评价，应根据项目实际情况对建筑设计内容进行有组织的、系统的评价。

每所高校学生宿舍建设的实际需求并不一致，在理论研究阶段，笔者不致力于对指标赋予权重。本书以《规范》为根据，确定常见的必要需求，表5-6中以"★"表达"必须或应被满足的基本需求"，以"☆"表达"在条件许可时首先应满足的常用需求"。

表5-6 高校学生宿舍使用需求预评价指标体系

一级指标	二级指标	三级指标	评价的维度	主要评估内容参考
高校学生宿舍建筑（群）	居住基本单元	★居室（含无障碍居室）	平面布局	平面布局是否合理，主要关注与其他动区的关系是否合理
			空间设计	居室空间大小和空间内功能布局等是否合理
			设备设施	用电、空调设施和家具设施(床、桌椅)的使用是否安全、便捷或舒适，无障碍设备设施是否完善
			装饰装修	墙、地面、顶棚等装修做法是否让人使用安全、方便清洁和感觉舒适
			物理环境	主要关注是否能够提供舒适的温度、隔音、采光、通风、遮阳等居住环境
			私密度	关注学生的隐私需求
			领域感与公开性	关注学生的个人领域感，并保持一定的公开性
		★（居室内）储藏空间	储藏空间	空间大小（和分布）是否合理
			设施设计	衣柜、书架、鞋架、置物架或储物柜的分隔大小和其他设计是否合理
		★卫生间（或厕所、盥洗室和浴室分散布置）	平面布局	在楼层平面或居室内的布局位置是否合理
			空间设计	卫生间空间大小和(盥洗、便溺、洗浴)空间关系等是否合理
			设备设施	(盥洗、便溺、洗浴等)用水设施、(开关插座灯具防雷)用电设施、暖通设施、置物设施等设计是否安全、便捷(含智能化)或舒适
			装饰装修	墙、地面、顶棚等装修做法是否让人使用安全、方便清洁和感觉舒适
			物理环境	主要关注设计是否考虑温度、隔音、采光、通风、遮阳、防雨、防水防潮等

续表 5-6

一级指标	二级指标	三级指标	评价的维度	主要评估内容参考
高校学生宿舍建筑（群）	居住基本单元	★晾晒空间（阳台、晾晒平台或屋顶晾晒）	位置分布	晾晒空间在楼栋中的位置分布是否合理
			空间设计	晾晒空间是否充足（如阳台和晾晒平台结合、考虑大小物件的晾晒等）
			设备设施	晾晒设施使用是否安全、充足、便捷；是否考虑洗衣机位的给排水及用电设施
			物理环境	主要关注阳光照射、有无防风防雨防坠落等防护措施
	生活辅助空间	☆公共洗衣房或洗衣机位	位置分布	洗衣房或洗衣机在楼栋中的位置分布（含平面布局）是否合理、便捷，与其他空间的关系如何，如是否影响居室、办公室等功能空间的使用，是否与交往空间毗邻，是否设置等候条件
			空间设计	主要关注洗衣空间大小、空间内功能布局情况、设备数量是否合理
			设备设施	关注用电、给排水、空气调节设施和洗衣设备使用是否安全、便捷（含智能化）及维修情况；洗衣机位主要关注用电、给排水等预留情况
			物理环境	主要关注空气质量、温度、湿度等方面的情况
		☆开水间或开水设施	位置分布	开水间或开水设施在楼栋中的位置分布（含平面布局）是否合理、安全、便捷
			空间设计	主要关注空间内功能布局情况，如避免与清洁工具存储区域无分隔毗邻、是否考虑茶水台和过滤池等功能（布局）等
			设备设施	关注用电、给排水、空气调节设施和开水设施的使用是否安全、便捷
			物理环境	主要关注空气质量、湿度（排汽防潮）等方面的情况

续表 5-6

一级指标	二级指标	三级指标	评价的维度	主要评估内容参考
高校学生宿舍建筑（群）	生活辅助空间	公共厨房	平面布局	平面布局是否合理，主要关注餐厨功能的平面布局及与其他静区的关系是否合理
			空间设计	主要关注空间大小、空间内功能布局（含储藏空间）等
			设备设施	关注用电、给排水、空气调节设施和厨房设备等使用是否安全、便捷以及维修情况；储物设施的使用安全及便捷情况
			物理环境	主要关注采光、空气质量、温度、隔音降噪、湿度（防水防潮）等方面的情况
			装饰装修	墙、地面、顶棚等装修做法是否让人使用安全、方便清洁和感觉舒适
		☆公共厕所	位置分布	关注（对所有使用者的）服务半径、易达性和隐蔽布置
			设备设施	（盥洗、便溺）用水设施、（开关插座灯具）用电设施、暖通设施等设计是否安全、便捷（含智能化）
			装饰装修	墙、地面、顶棚等装修做法是否让人使用安全、方便清洁，是否有利于形象展示
			物理环境	主要关注设计是否考虑温度、采光、通风、防水防潮等
	公共学习空间	基本学习空间（自习室、阅览室、小教室）	位置分布	关注步行距离的易达性；与动区的位置关系（是否处于安静环境）；与开水间、公共厕所的位置关系
			空间设计	关注空间大小、空间内部布局
			设备设施	关注用电、空调设施和学习相关设备设施（如桌椅、阅读灯、数字阅读、书籍查询借阅等）使用是否安全、便捷（含智能化）以及便于管理

续表 5-6

一级指标	二级指标	三级指标	评价的维度	主要评估内容参考
高校学生宿舍建筑（群）	公共学习空间	基本学习空间（自习室、阅览室、小教室）	装饰装修	墙、地面、顶棚等装修做法是否让人感觉舒适，是否注重轻松的、激发思维活力的环境营造
			物理环境	主要关注采光、通风、照明、温度、隔音吸音等方面的情况
		多类型的学习空间（音乐室、美术室、书法室、琴房、舞蹈、体育活动室、探讨室、多媒体室、展览空间、艺术创作室、创客车间等）	同上	不同类型的学习（活动）空间需更注重特定功能或设备所需条件来设计，例如琴房要注重隔音、乐器的防潮及插座等相关设计，美术和书法室对给排水和采光有更高的要求，多媒体室对音响灯光、观众席、隔音吸音和空间可变性等有特殊要求等；创客车间可能对用电、用水设施、空调设施有特殊要求
	公共（交往）活动空间	交往空间（架空或半开敞休闲空间、☆会客厅、单元套间内的客厅、居室内的公共活动区等）	位置分布	关注交往空间的位置分布和开放程度是否能够促进多层次（驻足或坐下来交谈）的交往活动
			空间设计	关注空间大小、空间内部布局
			设备设施	关注用电和家具设施等是否使用安全、便捷以及便于管理
			装饰装修	墙、地面、顶棚等装修做法是否让人感觉舒适
		多类型的休闲娱乐活动空间（电视房、台球室、游戏室、棋牌室、水吧等）	位置分布	关注步行距离的易达性，与开水间、公共厕所的位置关系等
			空间设计	关注空间大小、空间内部布局
			设备设施	智能化管理方式。除一般房间的用电和家具设计外，不同类型的学习（活动）空间需更注重特定功能或设备所需条件的设计，例如电视房要注重强弱电合理设计、台球室注重灯光和隔音设计、水吧注重给排水和用电系统设计等

续表 5-6

一级指标	二级指标	三级指标	评价的维度	主要评估内容参考
高校学生宿舍建筑（群）	公共（交往）活动空间	多类型的休闲娱乐活动空间（电视房、台球室、游戏室、棋牌室、水吧等）	装饰装修	墙、地面、顶棚等装修做法是否让人感觉舒适
			物理环境	主要关注采光、通风、照明、温度、隔音吸音等方面的情况
		可举办多样化的社交活动（★公共活动室、多媒体活动室、活动广场等）	同上	注重空间的可变性；多媒体活动室对音响灯光、观众席、隔音吸音有更高要求，可以与公共学习空间的多媒体室共用，也可以分开设置
		学生社团活动空间（社团办公室、学生党建办公室、物料存储室等）	位置分布	关注步行距离的易达性，与开水间、公共厕所的位置关系等
			空间设计	关注空间大小、空间内部布局、空间的可变性
	公共工作空间（学生事务管理）	办公室（含物料存储间）	空间设计	注重不同类型功能空间的合理设置，如日常管理办公室、导师办公室、职业规划和就业指导服务室、心理咨询室等；关注空间大小；空间内部功能布局；保证物料、资料档案的存储间
			设备设施	关注用电和家具设施等是否使用安全、便捷
			物理环境	主要关注采光、通风、照明、温度、隔音吸音等方面的情况
			装饰装修	墙、地面、顶棚等装修做法是否让人感觉舒适，是否注重既严肃又活泼的环境营造
		会议室	同上	除以上内容外，还要注重视频会议设备、多媒体设备的设计以及吸音设计
	导师宿舍	（同学生居住基本单元）		可增加接待功能

续表 5-6

一级指标	二级指标	三级指标	评价的维度	主要评估内容参考
高校学生宿舍建筑（群）	公共工作空间（学生后勤服务和管理）	★管理室或值班室（值班台）	位置分布	是否有利于进行楼栋的管理；设居室附设卫生间的值班室应考虑与公共厕所的位置关系
			空间设计	关注空间大小及空间内功能布局；关注人性化设计，如 24 小时值班的居室附设卫生间（含盥洗、便溺、洗浴）、睡眠空间的考虑
			设备设施	是否有监管设备以及智能化管理措施；关注用电、用水设备设施和家具设施等使用的安全、便捷
			物理环境	主要关注温度、防风、遮雨等情况
			装饰装修	墙、地面、顶棚等装修做法是否让人感觉舒适，是否有利于形象展示
		☆清洁间	位置分布	是否有利于楼栋洁具存储、整洁卫生及清洁工作的进行
			设备设施	关注用电、用水设施是否使用安全、便捷
		★垃圾收集间	同上	除以上内容外，还关注垃圾的收集、处理和清运的便捷
			空间设计	空间大小需满足垃圾分类的要求
			装饰装修	墙、地面易于清洁，便于冲洗，地面防滑
		办公空间（物业）	空间设计	关注不同类型功能空间的合理设置，如物业办公、工程维修办公等；关注空间大小及空间内功能布局
			设备设施	关注用电和家具设施等是否使用安全、便捷
		物料存储间	空间设计	关注空间大小及存储不同物料及资料的功能分区，如物业管理和工程维修的物料工具分区、各种资料档案的存储等
			设备设施	用电设施、家具设施如工具架、资料柜等是否使用安全、便捷
		会议室	同上	除以上内容外，还要注重多媒体设备的设计以及吸音设计

续表 5-6

一级指标	二级指标	三级指标	评价的维度	主要评估内容参考
高校学生宿舍建筑(群)	工作辅助空间(后勤)	更衣室	空间设计	是否有男女更衣功能空间分区
			设备设施	关注用电设施和家具设施是否使用安全、便捷
			物理环境	主要关注通风、空调方面
		茶水休息间	空间设计	空间大小及功能布局;茶水休息间一般可考虑设置餐位以方便物业工作人员饮食
			设备设施	用水、用电设备设施及家具设施是否使用安全、便捷、舒适
			物理环境	主要关注采光、通风、空调等方面
			装饰装修	墙、地面、顶棚等装修做法是否让人舒适
	建筑交通联络空间	走廊	平面布局	走廊对各功能空间的交通联系方式、对平面布局有较大影响,可形成内外走廊等不同形式;关注水平交通是否顺畅,使用是否安全、便捷
			空间设计	关注走廊空间长度、宽度、高度及其形成的空间尺度,避免形成压抑的空间
			设备设施	关注用电设施是否使用安全、便捷,防护设施是否安全,其他管线设施对交通功能是否有影响
			物理环境	主要关注采光、通风空调方面
			装饰装修	墙、地面、顶棚装修是否防滑、耐磨、易清洁,使用是否安全、舒适
		★楼梯	空间设计	关注空间的大小、与其他功能空间的关系(形成不同的平面布局)
			设备设施	关注用电、空调设备设施是否使用安全、便捷以及便于维护,防护设施是否安全,其他管线设施对交通功能是否有影响
			物理环境	主要关注采光和通风空调方面
			装饰装修	墙、地面、顶棚装修是否防滑、耐磨、易清洁,使用是否安全、舒适

续表 5-6

一级 指标	二级 指标	三级指标	评价的维度	主要评估内容参考
高校 学生 宿舍 建筑 （群）	建筑交 通联络 空间	★电梯	空间设计	关注井道空间大小、电梯轿厢大小、电梯位置与其他功能空间的关系
			设备设施	关注电梯设备设施的运输能力、使用安全性、便捷性（数量、控制及智能化）及舒适性；关注用电、空调设备设施
			物理环境	主要关注通风、温度、人工照明的照度等方面
		门厅	空间设计	关注空间的大小（集散能力）、空间内功能布局、与其他功能空间的关系
			设备设施	关注与门厅相关的门禁、出入闸机、动态监控等设备设施的使用安全性、便捷性及舒适性；关注用电、空调设备设施
			物理环境	主要关注采光、通风、空调方面
			装饰装修	墙、地面、顶棚装修是否防滑、耐磨、易清洁，关注舒适度及是否有利于形象展示
生活 区规 划	生活区 交通 规划	道路（交通网）	运输能力	关注道路宽度、承重载力、路网的通达性等
			人车分流	关注人行道路与车行道路的关系
			交通网络	关注道路连接各功能区域的情况、道路交通网的畅通性
		车辆交通网	车辆组织	关注校车的运行路线、班车安排、运输能力等
			停车站点	关注校车及社会车辆停靠的位置，避免随意停车
		☆汽车停车库 /场	空间设计	关注空间大小是否满足停车需求、与其他功能空间（区域）的关系
			物理环境	关注采光（照明）、通风、空调、防潮等方面
			设备设施	用电（含充电）、空调设备、停车设施是否使用安全、便捷以及便于维护；关注其他管线的影响、设备的智能化程度

续表 5-6

一级指标	二级指标	三级指标	评价的维度	主要评估内容参考
生活区规划	生活区交通规划	☆汽车停车库/场	装饰装修	墙、地面、顶棚装修是否防滑、耐磨、易清洁等，使用是否安全、持久；整体设计（图案、色彩、质感等）是否让人舒适
			停车管理	标识是否清晰、有引导性；关注停车出入管理、收费系统、安全监控等设计
		★自行车停车棚	位置分布	关注与生活区内建筑的位置关系（可达性）；是否方便车辆取放，避免绕路造成不便
			空间设计	关注停车空间大小
			物理环境	关注是否能够挡雨遮阳
			设备设施	关注充电、监控设备设施情况
	生活配套	☆食堂	配套服务功能	关注配套服务功能的有无、容量、位置分布、卸货及垃圾运输，其他的暂不讨论
		☆商业网点（超市或便利店等）	配套服务功能	关注配套服务功能的有无、配置情况、位置分布、卸货，其他的暂不讨论
		邮件收发室/邮政	配套服务功能	关注配套服务功能的有无、位置分布、卸货，其他的暂不讨论
		校医院	配套服务功能	关注配套服务功能的有无、位置分布、用电用水设备设施、装饰装修等，其他的暂不讨论
		银行/ATM机	配套服务功能	关注配套服务功能的有无、位置分布，其他的暂不讨论
		文印室	配套服务功能	关注配套服务功能的有无、位置分布、空间大小、用电和空调设备设施，其他的暂不讨论
		设备用房	配套服务功能	关注功能类型、位置分布、容量、物理环境（通风、空调、防尘防水），其他的暂不讨论
		其他需求	配套服务功能	关注其他配套服务功能的有无及位置分布，其他的暂不讨论

续表 5-6

一级指标	二级指标	三级指标	评价的维度	主要评估内容参考
环境营造	地理环境	地理气候及地域文化	地理气候	关注建筑所在地的气候特征、地理位置对设计的影响，如深圳为热带海洋气候，滨海城市，雨季多风雨，阳光充足，四季繁花似锦
			地域文化	关注建筑所在地的历史文化等对设计的影响，如深圳的与经济特区相关的历史文化（例如拼搏、包容等），靠近岭南文化，受粤港澳文化影响
	室内居住环境	室内环境	物理环境	关注影响人体健康和舒适度的室内物理环境，如温度、隔音、采光、空调、遮阳、防雨防风、防水防潮等（前表已述）
			装饰装修	侧重室内环境的色彩、材料质感对人的影响（前表已述）
		卫生环境	卫生环境	关注（除人的因素外）建筑内的卫生清洁和卫生保持
			垃圾收集处理	关注垃圾的收集和处理条件
	室外环境	景观营造	自然景观	关注绿植、水景、道路广场及铺地、灯光等自然景观设计、组织和氛围营造，是否考虑地域性特点
			人文景观	体现民族、地域和校园人文历史文化的元素，例如雕塑小品、标识标语及其他宣传窗口等
		校园文化氛围	多媒体宣传	关注是否可通过广播、液晶屏、电视网络等进行校园文化氛围营造
			宣传窗口	关注是否可通过宣传栏、展板等多种方式进行校园文化氛围营造
		建筑、人与自然的相互影响	建筑景观	关注建筑形态、外立面等是否符合大众审美和时代特征，是否体现校园特色，与自然景观和谐共生等
			环境保护及资源利用	关注绿色建筑和海绵城市的设计

续表 5-6

一级指标	二级指标	三级指标	评价的维度	主要评估内容参考
环境营造	安全环境	安全校园环境	出入管理	主要关注人员、车辆的出入管理,如交通组织与门禁管理、身份识别等
			安全监控	关注校园安全监控网络的建设
			安全防护设施	除建筑的安全防护设施外,还需关注生活区内的安全防护设施

以高校学生宿舍为例,构建使用需求预评价指标体系旨在为高校和建设方提供一种思路和工具,在设计阶段对使用需求的满足情况进行系统的、可被分析的预评价。相应的评价结果将为设计调整提供方向,以便更精准地控制建设规模和造价。在具体项目中,根据实际需要确定要评价的内容,组织专家进行预评价,并根据评审结果确定方案的优化方向。表5-7为使用需求预评价参考表。

表5-7　高校学生宿舍使用需求预评价参考表

一级指标	二级指标	三级指标	评价的维度	非常好	比较好	一般	比较不好	差
高校学生宿舍建筑(群)	居住基本单元	居室	平面布局					
			空间设计					
			设备设施					
			装饰装修					
			物理环境					
			私密度					
			领域感与公开性					
		储藏空间	储藏空间					
			设施设计					

续表 5-7

评价指标				评价等级				
一级指标	二级指标	三级指标	评价的维度	非常好	比较好	一般	比较不好	差
高校学生宿舍建筑（群）	居住基本单元	卫生间	平面布局					
			空间设计					
			设备设施					
			装饰装修					
			物理环境					
		晾晒空间	位置分布					
			空间设计					
			设备设施					
			物理环境					
	生活辅助空间	公共洗衣房或洗衣机位	位置分布					
			空间设计					
			设备设施					
			物理环境					
		☆开水间或开水设施	位置分布					
			空间设计					
			设备设施					
			物理环境					
		公共厨房	平面布局					
			空间设计					
			设备设施					
			物理环境					
			装饰装修					
		公共厕所	位置分布					
			设备设施					
			装饰装修					
			物理环境					

······

2. 基于需求工程理论的使用需求预估流程

基于需求工程理论中需求识别、分析和管理的方法，结合高校学生宿舍建设的不同阶段，可以形成有序的使用需求预估流程，并与需求管理一起形成一套完整的步骤，供同类型项目参考。使用需求预估和需求管理的步骤及工作重点见图5-5，其步骤主要包含了校方需求陈述、利益相关方需求构建、建筑系统需求构建、建筑子系统需求构建、规范需求表达、基于需求的设计、需求预评价、需求调整和设计优化及确认、施工过程管理、需求验收和使用后评价11项。其中前8项是使用需求预估的内容。

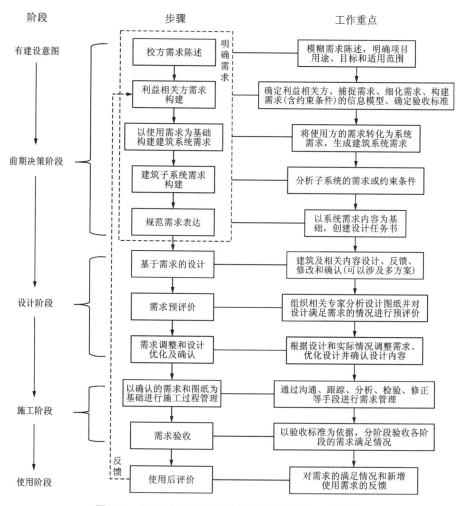

图5-5　使用需求预估和需求管理的步骤和工作重点

（1）需求陈述

需求陈述也称为顶层需求，是高校学生宿舍项目的起点，对拟建项目的适用范围有一定的描述。例如随着高校扩招计划的确定，某高校的学生宿舍的容量不够，提出需建设学生宿舍，根据实际情况进行会议讨论，一致认为有必要建设能容纳高校未来15年发展规模的（学生）宿舍；学校根据发展需要以项目建议书、可行性研究报告的形式，向有关部门提出项目建设的需求。

（2）需求确认

1）分析利益相关方

随着项目的推进，需要进一步研究项目利益相关方需求。一般深圳高校学生宿舍建设的主要利益相关方如图 5-6 所示，包括高校使用者、建设单位、政府管理机构、非政府（行业）机构、勘察设计单位、施工单位、监理单位、管理咨询单位等。

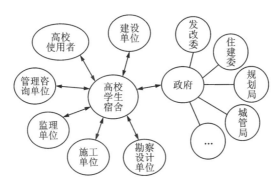

图 5-6　高校学生宿舍的利益相关方示意图

2）明确利益相关方需求

在确定高校学生宿舍项目的主要利益相关方后，通过与其交谈、调研同类建筑、访谈相关人员、进行需求调查和召开需求研讨会等捕捉、细化和确认利益相关方需求。

不同利益相关方，其个人角色定位、专业能力和表达能力的差异，会影响需求表达的严谨程度，可能开始会用非常模糊的措辞表达需求，例如"我想要一个温馨舒适的宿舍环境"。显然这样的需求很难直接指导设计。但专业人员可以进一步询问，将模糊的陈述转变为需求，这个需求转化的过程可以通过创建使用场景向利益相关者提出"你想实现什么目标"之类的基本问题，逐步扩展后识别、细化需求，并利用使用场景合理组织需求，最终构建利益相关方需求。

使用需求是高校学生宿舍建设的核心需求，是高校学生宿舍建设的主要目的，是建筑设计和建造的主要依据。大部分其他利益相关方需求，以约束条件的方式共同作用在建设活动中。例如，政府相关机构根据需求提出相关的控制性要求，如规划局按城市的相关规划文件，控制项目地块的范围、建设面积、建筑高度、容积率、绿地率等指标，这些约束条件将规范表达在用地规划许可证中；建设单位根据高校和政府单位提出的要求，根据各种法律、规范、标准并遵循工程建设的客观规律，提出人力资源、成本控制、进度控制、质量控制、风险控制等需求；勘察设计单位提出勘察设计前期与基础资料相关的需求等。图5-7，为某高校学生宿舍利益相关方需求示意。图5-7并不能详尽概括所有项目的情况，仅为同类建筑的利益相关者需求提供一定的参考。

（3）建筑系统需求分析

根据使用需求，确定建筑所具有的功能，这个过程称为建立建筑系统需求。它不涉及具体的建筑设计。

在探讨系统需求时容易出现过早讨论设计细节的问题。为避免出现不适宜的解决方案细节，故意不过早讨论和探究设计细节，这一原理称为设计的不可知论。为了避免过早讨论设计细节，在建立系统需求时，一是可将目光锁定在"建筑系统必须做什么"而不是"建筑系统应该怎么做或如何工作"；二是可用"黑盒子"概念引导思考过程，即用"黑盒子"隐藏其内部工作的过程，只在相应的层级用外部可见的行为描绘系统或子系统。[31]

图5-8，为某高校学生宿舍的需求-建筑产品分解结构示意图，其左侧为需求分解结构，右侧为建筑产品分解结构。左侧中矩形符号表示系统、子系统需求，六边形符号表示接口需求。接口需求与系统、子系统需求对于整体设计而言同等重要，保证着各系统功能之间协同工作。建筑产品分解结构将整个建筑系统作为一个"黑盒子"，"黑盒子"逐级开启的过程说明了各系统如何合作来满足系统需求。

如图5-8所示，建筑系统需求的主题是高校学生宿舍建筑，"黑盒子"开启，通过增加细节说明子系统如何满足系统需求。为了便于表述，将需求分解结构中的"建筑要能够提供居住条件"表达为"居住"，"建筑要能够提供学习条件"表达为"学习"，等等。

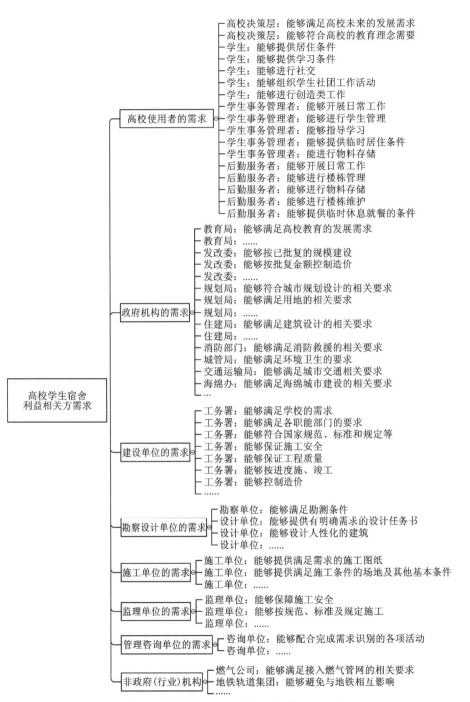

图 5-7　某高校学生宿舍利益相关者需求示意

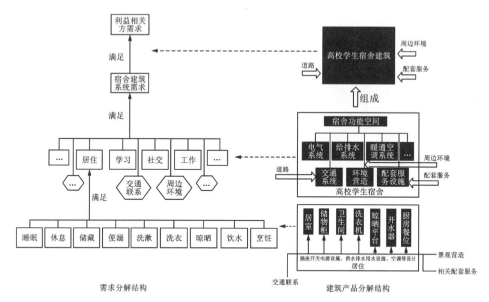

图 5-8　某高校学生宿舍的需求-建筑产品分解结构示意图

高校学生宿舍建筑应满足高校当下和未来发展的需求,提供符合发展规模的床位、符合与学校教育理念相符的软硬件设施和环境等。

宿舍建筑通过道路与校园其他功能区域链接,为行人、自行车、汽车通行等提供便捷的交通条件。

宿舍建筑应与周边环境链接,共同为使用者提供舒适的使用空间。

宿舍建筑应与生活区配套服务设施链接,共同为使用者提供便利的生活条件。

宿舍各功能空间,应满足学生的居住、学习和社交等活动需求,应满足管理者工作活动的需求等。宿舍各功能空间之间,应能通过水平、垂直、集散等空间以及设施顺畅联系。

宿舍各功能空间,应为使用者创造良好的室内居住、学习和工作环境。

宿舍各功能空间,应为使用者的各种活动提供用电、用水等基础条件。

宿舍各功能空间,应为使用者提供尽可能完善的配套服务设施。

以上分解过程,表明建筑各子系统应协同、合作以满足建筑系统需求。通过分析,建立起与使用需求相匹配的建筑系统需求,并通过规范性的语言形成建筑设计任务书，以作为设计人员的设计依据。

（4）建筑系统体系架构设计

随着工作的深入，设计人员应探究如何通过具体设计来满足系统需求。陈述并表达如何通过子系统的具体设计来满足建筑系统需求，即为建筑系统体系架构设计。它由规划、建筑、结构、给排水、电气、暖通、燃气、景观、室内等各专业协同工作，通过具体的建筑设计满足高校学生宿舍建筑的系统需求。

在实际的项目中，建筑系统体系架构设计是分阶段完成的，方案设计、初步设计和施工图设计阶段对应不同的成果文件，即不同的陈述表达。例如建筑方案设计阶段形成的成果文件主要有总平面图、建筑方案文本（设计说明，平、立、剖面图效果图）等一系列呈现整体规划、建筑功能空间构想[17]、外立面造型设计和环境营造等内容。

（5）需求预评价

1）重要性评价

在方案设计准备阶段，由于高校决策层对这些非必要使用需求持模棱两可的态度，会导致设计方案迟迟无法被确定。

遇到以上情况，可以通过学生需求调研确定这些非必要使用需求的重要性，但学生往往受到专业知识的限制，难以全面考虑客观因素的情况或准确描述；也可以学生需求调研为基础，汇集一定数量的专家（建议包含高校基建类专家，他们对高校学生宿舍项目和项目背景有一定了解）进行重要性评定。通过创建不同的场景，请专家从不同使用者的视角，对根据实际情况调整后的使用需求信息指标表进行重要性评定，从而确定不同使用需求的重要性，为决策者提供参考依据。实际使用中，例如公共洗衣房、公共健身房等在相应项目中为非必要功能。不确定的功能一般可采用 AHP 层次分析法、SD 法（语义学解析法）结合多因子变量分析及数据化等方法[17]评定某项需求的重要性。

2）预评价

在方案设计阶段，为了确定最优方案，一般会要求进行两个或两个以上的方案设计，它们可能是针对不同使用需求的方案组合，也可能是在明确使用需求的基础上由设计师以不同设计理念和方法形成的不同方案的建筑设计，其设计内容往往呈现出不一致性，即存在不同功能方案的组合；为了确定最优方案，对不同的设计方案进行评价是有必要的，一般有以下的步骤。

在进行方案评价前，需确定建筑方案的有效性。有效需求组合方案应满足以下约束条件：

$$\sum S_{F_i} \leqslant \sum S_{i可研}$$
$$且 \quad S_{F_i} \leqslant S_{i可研}$$
$$且 \quad \sum C_{F_{i,j}} \leqslant C_{可研}$$

式中：$\sum S_{F_i}$——所有建筑功能空间或场所的面积之和，其中 F_i 指的是与评价指标相关的建筑功能，i 是相应功能的编号，用以区分表达不同的建筑功能空间；

$\sum S_{i可研}$——可研批复的面积之和；

S_{F_i}——不同类型的建筑功能空间之和；

$S_{i可研}$——可研建筑面积中不同类型功能空间或场所所规定的面积；

$\sum C_{F_{i,j}}$——实现不同功能所对应的建造成本之和，$F_{i,j}$ 包括不同的建筑功能空间及其子系统功能设计，用 j 对不同的子系统功能进行编号；

$C_{可研}$——可研批复的建安费中与功能建造直接相关的费用。

首先，参考高校学生宿舍使用需求预评价指标体系，调整并确定符合实际项目的使用需求评价体系。

其次，在充分了解项目背景的情况下，由校内外专家对评价体系中的指标进行重要性评分以确定不同功能的权重系数。

然后，专家组（建议包含校内专家）根据确定的使用需求评价表，从不同的维度对选定的方案进行打分。

最后，经过定量分析后，输出不同方案的评价结果。一方面通过与使用需求重要性评价结果进行对比，了解不同方案的建筑功能设计对使用需求的响应程度。另一方面可以根据评价结果所显示的不足，调整优化并最终确认使用需求和方案设计。

5.3.2 结合工程建设阶段的需求管理建议

从有建设意图开始，建设项目一般会经历前期决策阶段、设计阶段、施工阶段、使用阶段，每个阶段都对应不同的需求管理内容。需求管理的主要工作内容可参见图5-5。

1. 前期决策阶段

在前期决策阶段，校方提出需求，建设方统筹协调相关各单位挖掘使用需求，并固化使用需求。此阶段的需求管理工作主要是明确需求并形成相应的文件，为后续不同阶段的建筑设计、施工过程管理、需求验收和使用后评估提供基础资料。使用需求明确的内容在 5.3.1 节中有详细论述，此处不再赘述。

下文结合此阶段的工作内容，提出几点需求管理的建议，包括统一使用需求明确的工作方法、做好立项工作、重视使用方需求、参照建设管理经验和编制翔实的设计任务书等。

（1）项目初始时统一使用需求明确的工作方法

不明确的使用需求会给工程建设带来工期、投资、质量等一系列的风险，对后续建筑的使用均有不利影响，故在项目开展前期，建设单位与高校之间应进行充分沟通，并对需求确认的方法和流程等达成共识，形成双方认可的、可执行的规定。规定对需求的沟通、确认、调整和反馈的方法和流程等做出要求。

（2）做好立项工作

①做好项目建议书。根据国民经济和社会发展长期规划、行业规划和地区规划以及国家产业政策，经过调查研究、市场预测，从宏观上分析论证项目建设的必要性。②做好可行性研究。通过对拟建项目在技术和经济上的可行性及社会效益、节能、资源综合利用、生态环境影响、社会稳定风险等进行全面分析论证，落实各项建设和运行保障条件，为项目的决策提供依据。

此阶段建议委托专业咨询机构，以高校的发展计划为依据，通过高校决策层和建筑使用者的模糊需求陈述，挖掘使用方的使用需求（可参考表 5-2 和表 5-3 的信息），分析建筑系统功能需求（可参考表 5-4 至表 5-6 以及附录 4 的信息），并将相应的需求落实在项目建议书或可行性研究报告中。

除此之外，为了保障后续工程的顺利进行，在此阶段还需落实项目建设规模、建设经费来源、工期时间要求、建设选址是否符合学校总体规划和相关部门要求等。若涉及拆除旧楼建设新工程，应进行房屋安全性鉴定。

（3）重视使用方需求

收集需求信息时，建议以充分的需求调研为基础，从多角度、全方位进行使用需求分析，为各项决策提供依据。学生是高校学生宿舍的使用主体，通过调研学生对宿舍的体验和诉求，从舒适性、便利性、人性化等方面了解学生的使用需求，建设以人为本的高校学生宿舍。另外，还应从高校的教育管理角度了解学生事务管理老师和导师的需求，从运维角度了解宿舍楼管理、安保、保洁、工程维护等各方使用者的需求。

高校学生生活区规划与宿舍建筑设计要与高校的实际发展情况和教育理念

相适应，从高校学生宿舍的目标与功能定位，以上位规划进行整体控制，挖掘和合理处理高校学生宿舍所在地存在的有利和不利因素，提升设计品质。分期建设的校园应延续教育理念，尽力避免不同任领导在各自治校时期内理念和方针的差异所导致的同一校园建设前后标准和逻辑不一致的矛盾。

（4）参照建设管理经验

总结和参照历史相关类型项目建设管理经验，通过各高校多方使用满意度调查，归纳总结历史相关类型项目的需求、负面清单和亮点清单，形成的相关清单案例成果，不仅能为其他项目提供菜单式借鉴，还能为后续项目的需求分析提供参考资料。

通过调研统计，可以提炼高校学生宿舍建筑存在的一些共性问题，如宿舍内部平面布局不合理，空间小，过道狭窄，收纳空间不足，门与门、门与衣柜之间有碰撞，采光不佳，配电箱、开关、插座、网线口设计的位置不合理，卫生间渗漏，地漏易堵塞，热水温度不稳或水压过高过低，使用电梯的等待时间过长等。后续类似项目应针对这些共性问题，在设计阶段和施工管理两方面采取有效措施，减少或避免类似问题的出现。从共性问题中寻求突破，为建设高校学生宿舍优质建筑做好铺垫。除共性问题以外，以往项目中存在很多亮点设计，如阳台的隐形防护网，有利于防风、防跌落，还可以挂毛巾；有的空调板兼顾遮阳、防雨等功能，与立面设计相融合成为整体造型的一部分，富有韵律感。设计兼顾了美观、遮阳、防雨等多种功能；阳台的窗帘有利于遮阳和阻隔视线；智能抄表系统实现水、电远程预付费，能有效减少管理人员的投入和提高管理工作效率；公共区域照明采用声控节能灯能有效节能。借鉴亮点做法，不能一味照搬，既要善于发现亮点，又要针对自身存在的问题寻求合适的解决方案，让亮点传承。

充分利用开发建设管理优势，吸取过往工程项目在应用技术、结构形式、建筑设备、材料选择等方面的经验，减少项目实施过程中的返工率，提升建设效率。

（5）编制翔实的设计任务书

根据明确的使用需求分析建筑系统需求，并用规范化的语言表达的过程，就是形成设计任务书的过程。设计任务书在设计招标或设计启动前编制，旨在明确设计条件、设计范围、设计功能、设计标准、设计周期、设计限额及其他设计限制性或参考性条件的文件，是设计单位必须遵循的指导性文件，是编制建筑设计文件的主要依据之一。建设方的使用需求、建设意图、建设要求等内容通过设计任务书的形式传达给设计院，设计院编制设计文件的过程就是将设计任务书中约定的要求转化为设计图纸的过程。要将需求落地，设计任务书尤为关键，所以必须认真编制翔实的设计任务书。

2. 设计阶段

设计阶段一般包括方案设计、初步设计和施工图设计三个阶段；对于技术相对简单的项目会省略初步设计阶段。不同设计阶段的设计深度有所差异，其文件编制深度要求在《建筑工程设计文件编制深度》(2016 版)中有详细的规定。由于各阶段的设计深度有所差异，其需求管理工作侧重点也有所差异。

(1)方案设计

方案设计阶段的需求管理重点有基于需求的设计、需求预评价、需求调整和优化及确认几个方面。建筑设计从方案设计阶段起便要对高校当下的使用需求和未来的发展需求进行统筹考虑，基于需求进行设计。在已明确的需求基础上进行方案设计，如考虑学生使用功能的需求、教育管理的需求、宿舍管理的需求、安全保障的需求，把握不同使用者的需求要点。除了实现当下建筑所需的功能外，设计还应具有前瞻性，为高校未来的发展留下适当的空间，保证建筑技术的先进性、考虑功能的可变性，以利于日后品质提升或改造。另外，设计人员还应考虑使用期间设备设施的维护、更新需求，以及建筑拆除后的废料处理等需求。

方案设计应根据实际项目的使用需求和建筑系统需求进行生活区总体规划、建筑功能空间构想、外立面设计、环境营造等，形成方案设计文件。此阶段建议确定重要材料和设备选型，以保障在有限的经济条件下最大限度地实现使用功能。

此外，方案设计完成后，建议进行需求预评价。即组织相关专家分析设计图纸并对照前期确定的需求文件进行预评价，不仅能检查使用需求的落实情况，还有利于发现未被考虑的需求和不合理需求。之后再基于需求预评价的结果进行方案优化、调整及确认。需求预评价相关的内容参见 5.3.1 节的内容。

(2)初步设计

经过确认的方案设计成果，是进行初步设计的依据之一。同时，随着设计工作的程度加深，需整理和进一步收集需求信息，如设备设施的设计需求(信息收集表可根据项目实际情况参附录 4 完善)。除此之外，此阶段还需落实绿色节能、海绵城市、装配式等专业设计要求。此阶段的需求管理重点同方案设计阶段,同时还需根据经济测算的结果来调整优化设计。

技术的先进性直接影响建筑质量。装配式建筑 PC 构件采用工厂化制造,构件种类覆盖外墙板、内墙板、叠合板、叠合梁、预制柱、楼梯、阳台、空调板等。与传统建筑业中分散的、低效率的现场浇筑相比,钢筋绑扎具有较高的精度,构件成型也有尺寸标准。另外,由于减少了恶劣气候条件对施工的影响,混凝土养护环境优越,强度有保障,总体质量可靠可控。铝模是目前先进的模板之一,其混凝土成型平整,可免抹灰,铝模采用快拆装体系,现场几乎没有加工制作工序,节能环保。深化设计时,可以确保剪力墙模板无接高,反坎、飘窗封闭式浇筑,可有效保证外围窗台、阳台、卫生间不渗水,门框上部深化成下挂梁,门洞节点下挂,墙垛一次成型,可以避免角部裂缝产生。BIM 技术应用可以进行碰撞分析,通过可视化模型,建筑结构碰撞分析、管线设备之间、管线自身之间碰撞分析,避免错漏碰缺。设计 BIM 还能进行日照分析,风、光、声、热分析,净空净高分析,人防、消防分析等。

初步设计阶段,应将这些先进的建筑技术内容落实在图纸中。高校学生宿舍建设中采用装配式+铝模+BIM 技术,可以一定程度上解决或避免类似于门框角部开裂、卫生间渗漏、自然采光情况差、外墙装饰条与门窗碰撞等质量问题。

为了满足建筑可改造的需求,在进行结构选型时,应考虑因学校发展需要导致的功能布局的变化需要。如公共区域增设食堂、餐厅、洗衣房,更改活动室、会客室布局,宿舍内增设厨房等。

(3)施工图设计

经过确认的初步设计成果、概算批复文件和设计任务书等,是进行施工图设计的主要依据。此阶段的需求管理重点在于基于设计任务书(即需求)和概算,在方案设计和初步设计成果的基础上进行限额设计,除此外还应核对图纸是否落实了设计任务书的要求。

施工图文件是项目实施阶段的主要依据,不仅要落实使用需求、满足相关深度,节点构造做法等设计还要符合现场施工的要求。

3.项目实施阶段

项目实施阶段需求管理的重点是以准确反馈需求信息的施工图图纸为依据,通过沟通、跟踪、分析、检验、修正等手段进行实施过程的需求管理。建议在正式施工前,利用信息化或制作样板的手段确认需求,有利于确认需求、完善设计细节和减少不必要的变更发生。为了保障需求最终落实于建筑产品中，应根据确认的需求，结合质量验收标准，分阶段验收各阶段的需求满足情况。

（1）需求实施前的确认

为了减少施工阶段使用需求反复变化而造成返工和变更，除了在设计段落实已明确的使用需求和把控图纸质量外，可充分利用 BIM 可视化技术、AR 应用体验、制作现场样板间、材料样板、工艺样板等方法，在施工前进行需求确认。以上方法有利于相关方共同确认整体效果和建筑材料、设备设施的类型、规格、品牌等内容，直观的感受有利于需求的确定。

1）BIM 可视化

通过运用 BIM 软件，根据图纸建立可视的、高精度模型，能直观地看到高校学生宿舍的外立面造型、室内装饰效果。如果模型显示效果不符合使用方需求，可通过修改信息模型直至确认，再将需求落实到图纸上。对综合了各专业设计信息的模型进行碰撞检查，核查每个功能区间，形成"错漏碰缺"的系统报告，并通过提交、审校、协调、修改等流程及不同专业模型的协同处理，提前预警设计图纸中存在的问题。在模型中添加舍内床铺、桌椅、柜子等家具，可以对插座排布位置的合理性进行检验，避免实体样板的返工，节省了成本，又减少材料使用和建筑垃圾的产生。细部节点深化，例如运用信息化软件（如Revit）对吊顶各个连接节点进行深化，包含吊顶天花板与风口连接、吊顶上通风管道、石膏板吊顶窗帘盒等；通过各个吊顶节点的 BIM 模型深化，缩短施工现场的深化周期，直观的给生产、施工人员进行交底，能有效地指导现场施工。

2）VR 应用体验

通过轻量化模型及 VR 应用，让使用者通过漫游身临其境的体验虚拟空间、理解设计意图，提前感知建成效果并提出意见，以便从使用方的角度提出方案优化的方向。对施工重点区域进行三维可视化施工交底，如天花、墙体、地面排砖等详细尺寸、构造细节进行逐项视频与模型出图双通道深度交底，为保障施工质量"保驾护航"。

3）现场样板间（实体样板）

现场样板间有观摩展示的作用，各方可以根据展示效果确认图纸的合理性、施工工艺的科学性和施工人员的专业性。通过贯穿施工全过程的样板引路，检验实施单位的施工质量水平，突出施工作业要点、重点，分析暴露出过程中影响质量安全、影响进度的因素，及时发现设计缺陷、安全隐患，减少后续实际施工过程的返工。样板间的确认，有利于构造、选材、施工工艺的标准化。在后续施工中以样板间作为质量检查和验收的统一判断尺度，避免意见分歧和质量纠纷的发生。

4）材料样品样板

建立样品确认制度，现场入库样品填表归档。将最终确认的材料样品品名、运用部位、照片等内容编辑归档，并作为材料验收的依据。常见的入库样品有外墙真石漆、内外墙涂料、墙纸、保温材料、防水材料、栏杆、门窗、百叶、五金件、石材、瓷砖、厨具、插座开关等。

5）工艺样板

工艺样板对关键部位构造做法进行展示。通过分解工序形成样板的形式，展示各分部分项工程的施工工艺流程、施工方法等。如钢筋工程样板、模板工程样板、混凝土工程样板、安装管线预留样板、屋面排气孔部位样板、砌体工程样板、抹灰及涂料样板、外墙装饰样板、门窗、栏杆样板、厨房、卫生间防水样板等。工艺样板可以直观的展示工序、明确施工工艺质量要求，有利于给班组施工人员进行技术交底、指导后续施工，并作为施工质量的验收标准。

（2）控制施工过程中的非必要变更

通过前期需求的反复确认，减少施工阶段提出的使用需求变更；施工前通过各种手段最终确认需求，控制非必要变更；通过补充完善各建设合同，减少变更和索赔风险。施工过程中严把设备、材料的质量关，特别是隐蔽验收和主要分部分项工程验收，留存原始影像资料，合理控制建设周期，降低施工阶段的不确定性。

（4）验收阶段

工程达到竣工验收条件后，应按规定履行竣工验收程序逐级验收。除了传统的竣工验收的要点外，需求导向的项目建设应关注使用需求是否在建筑产品中落实。

在进行竣工验收的同时，应关注各使用需求的功能验收。竣工验收时建议关注建筑产品是否满足设计任务书和使用方需求调整的要求。（需求）验收应重视各阶段需求管理有关资料的归档，如项目全过程中确认的需求信息、各阶段设计资料、变更表单、签证表单等资料均应分类编制成册，移交存档，便于后续不同时期的查验和信息跟踪。对关注度高的需求可进行分项工程专题交底后移交，以确保建筑产品后续运维阶段的合理使用和维护。此阶段应同步验收和移交 BIM 竣工信息模型。

4.运维阶段

项目投入使用后,可分阶段进行满意度评价、使用后评价等工作,衡量和分析项目的实际情况及其与预计情况的差距,不断提高项目决策水平和投资效果。在评价过程中,要注意重视收集数据的严密性和可靠性,并用科学的方法来评判设计结果的合理性。

运维阶段的需求管理的重点工作,一方面是通过调研总结优点和问题,分析使用中未被满足的需求和新增需求,形成问题清单、亮点清单、需求清单等资料。诊断使用中存在的问题,有的放矢的逐步完善功能需求,有利于提高使用者的满意度;另外一方面,相关的评价信息纳入数据库,并逐步建立有序的、全面的同类项目需求信息数据库,有利于为后续项目提供参考借鉴,为建立使用后评估和需求预估相关体系提供基础资料。

5.3.3　基于需求的项目建设管理建议

满足使用需求是建设项目的主要目的,是参与项目建设各方的共同目标之一。以需求为导向开展建设项目全寿命周期管理、促进需求管理专业化,完善相关机制,有助于以需求为导向的高校类项目建设工作开展。

1.以需求为导向开展建设项目全寿命周期管理

(1)以需求研究为始端,以需求落实为目标

满足使用需求是建设项目的主要目的,是参与项目建设各方的共同目标之一。在建设活动中,首先应调查"使用者"的需求,对其进行分析,识别并区分需求属性,结合客观建设条件,将使用需求转化为对应的建筑产品需求或功能需求后,才能在实际的建设活动中有层次、有序地对需求进行管理。

高校学生宿舍项目的建设(甚至可以进一步延伸至所有工程项目的建设),应从需求研究出发,明确使用需求,厘清利益相关方的其他需求;并在项目建设过程中以使用需求为核心,进行需求管理,使最终的建筑产品能够在各方的约束下,尽可能地满足功能、心理、感官、精神文化等需求。

(2)形成使用后评估与需求预估的良性循环

需求导向的高校学生宿舍建设,首要任务是调查使用者的需求,对需求进行分析,形成明确、有序的使用需求信息,根据使用需求分析建筑系统需求,再进行建筑系统体系架构设计。建设过程中应注意做好各阶段需求的动态管理

资料，妥善梳理总结，形成资料库，为使用后评估提供参考依据。通过定期回访、实施调研等方式，与校方、物业管理、学生等相关使用方进行沟通调研，确保使用中存在的问题得到及时解决，提高使用单位的满意度，收集整理高校学生宿舍建筑（及其他建筑）的使用情况及满意度和其他使用后评估信息，形成数据库。通过使用后评价反馈的问题，了解未被满足的合理需求和使用意见，为此后的相关建设提供需求分析的依据，确保项目管理的持续改进。

（3）建立以需求为导向的项目建设体系

需要普及需求管理的概念，践行以需求为导向的高校学生宿舍建设理念，大力推行使用需求预估、需求管理，结合使用后评估形成以需求为导向的高校学生宿舍建设完整体系。宿舍在投入使用后，需要进行使用者的满意度评价或使用后评价，将评价的情况建立数据库，并总结项目全生命周期存在的问题清单和亮点清单。这样有利于后续项目参考借鉴，不断迭代完善。

有条件的还可考虑建立专业运维集中管理机构，整合项目建设和后期运维，化解建设单位和使用单位的不同诉求，弥补专业运维的短板，实现投资决策、工程建设、运行维护全生命周期管理的统筹，提高工程建设效益。国内部分地区政府投资的高校工程也有其他类似专业化机构负责，由该机构负责统一建设、管理、运营等工作，促使校园建设管理进一步专业化。

2. 做好需求的引导启发，促进需求管理专业化

需求的识别和确定是从建设项目的开始就要进行的，越早启动越有利于项目建设。

（1）提前介入做好需求的引导与启发

绝大多数业主或使用者对于工程建设并无太多概念，无法从专业角度提出明确需求，只能简单提出要建设什么项目，对项目定位和功能需要也没有明确的想法，对项目建设专业知识更没有概念。作为建设方，应尽早介入（条件允许可提前至可研阶段），并从建筑设计、施工和工程造价的角度给以业主意见和建议，与业主一起确定项目建设的方向和需求。为进一步加强项目需求调研的精细化管理，可采用菜单化、标准化等方式挖掘、启发、调研使用单位的使用功能需求。

（2）建立高效沟通机制

在项目设计阶段，除选择性价比较高的方案和设计团队外，在设计过程中中应建立有效的沟通机制。通过定期会议、云平台等方式及时进行信息交互，

随时了解设计过程中存在问题并及时解决问题。通过各方提出意见和建议，提高项目建设质量和效率。

（3）需求管理专业化，引入专业需求工程师或专业咨询单位

在传统的设计品质管理、材料设备管理、投资与进度管控、质量和安全管控、合同管理与履约评价等基础性制度的基础上，应创新工程建设组织模式，设置专业需求工程师岗位或在前期部门中设立需求分析团队，也可以引入第三方专业咨询单位组成前期管理团队。在积极对接使用方的前提下，做好需求的采集、分析、筛选、处理，从项目定位、功能需求、项目规划、方案比选、工程技术和经济分析等方面开展专业分析，有利于明确和落实使用需求和建筑系统需求。

3.完善设计管控体系，着力提升设计品质

在做好与使用方的需求调研分析，保证各方沟通质量的前提下，发挥项目策划引领作用，加强需求精细化管理，使设计的建筑产品更适用，能够更好地满足用户的使用需求。

（1）完善设计管理体制

应考虑建立"前策划、后评估"制度，完善建筑设计方案审查论证机制，提高建筑设计方案决策水平。还可考虑聘请高水平专家为设计管理决策提供专业支持，以及建立第三方监管体系，由独立的第三方机构不定期对项目设计管控流程、标准指引应用及设计质量、BIM 应用和合同履行情况进行检查评价，激励、督促设计单位将使用需求落实在图纸中，有利于提升设计图纸的质量。

（2）创新设计管理模式

应在加强初步设计方案和结构选型优化优选，强化施工图规范化审查，确保设计安全的基础上，推行专业化设计，倡导工艺先行，对有特殊工艺要求的项目，在建筑方案设计招标前，可先开展专业咨询或专业设计。根据项目需要，在前期研究、设计招标、方案调整等阶段均可开展"设计工作坊"，将项目需求、方案做细做实，对表现积极、突出的相关单位或个人给予适当表彰和奖励。为进一步强化方案设计团队对施工效果的把控，还可探索试行设计师负责制，在施工图设计阶段及施工阶段，赋予方案设计师更多责任和主导权，提升工程品质。

（3）加大方案管控力度

制订管控标准，严控设计变更，尤其应加强重要部位的建筑材料选用、色

彩搭配、装修材料、园林景观主要苗木，以及涉及建筑外观和观感效果的设计变更管理。提倡样板先行，以便于各方以更直观的方式固化需求，减少变更。

总体而言，建筑设计应因地制宜，丰富建筑内涵，融合对应主题人文元素，优秀的工程作品应该能体现出"功能、实用、便利的特征之美，结构、技术、工艺的融合之美，绿色、生态、节能的环保之美，文化、艺术、形式的价值之美，思想、理念、哲学的精神之美"，满足现代功能和可持续发展要求，实现全生命周期的保值增值。

5.4 本章小结

我国的使用后评价和建筑预策划的研究还处于发展之中，而项目进行需求预估的更少。本章以"以人为本""需求工程""利益相关者"等理论为依据，根据高校学生宿舍调研成果和相关规范总结提炼了使用需求和建筑系统需求，以及提出了基于需求的高校学生宿舍建设对策，包括需求预估流程和基于需求的项目建设管理建议。基于需求工程理论提出的使用需求预估流程，主要有需求陈述、需求确认、建筑系统需求分析、建筑系统体系架构设计和需求预评价等。结合工程建设阶段的需求管理建议从前期策划决策阶段、设计阶段、项目实施阶段、运维阶段提出了建议。从以需求为导向开展建设项目全寿命周期管理、促进需求管理专业化，完善相关机制三方面提出了基于需求的项目建设管理建议。

第 6 章

结论与展望

6.1　结语

高校扩招政策实施以来，我国高等教育开始转向大众化，高等教育规模的快速扩张，使得高等院校的教学软硬件设施、教学质量、用地规模等都面临着巨大挑战，大学校园建设出现了史无前例的跨越式发展。伴随着社会经济水平的不断提高，公众对高校宿舍也寄予了更多、更高的期望，其需求变革一定程度上反映了高校发展的建设需求。课题组以高校学生宿舍为突破口，展开需求导向的高校类项目建设研究。

本书在研究国内外高校学生宿舍发展历程的基础上，通过访谈调研、实地调研、问卷调查等方式对学生宿舍的使用现状和满意度等进行了深度调研，同时，基于住居学、需求和行为心理学等理论，结合调研过程中各方反馈的问题，从多个角度开展了高校学生宿舍的使用需求分析；在使用需求分析的基础上，根据需求工程等相关理论，结合工程建设管理实践，提出需求导向的高校学生宿舍建设对策。本书主要研究内容和成果可以总结为以下几个方面：

第一，研究、梳理了国外高校学生宿舍不同时期的建筑设计形式和管理机制，梳理了我国高校学生宿舍的变迁。基于深圳 5 所典型高校的调研，从高校生活区整体规划、高校学生宿舍使用功能空间现状和整体环境几大方面进行使用现状和满意度评价分析研究。生活区整体规划从 5 所高校的建筑布局、道路交通、景观情况等几个方面进行了现状及满意度分析。从不同使用主体的角度出发，将高校学生宿舍的主要使用功能空间分为学生和管理使用功能两大部分。针对学生使用功能空间，从居住基本单元、居住辅助空间或设施、公共空间和联系空间或设施几个方面进行了现状和满意度分析研究；管理使用功能空间从楼栋管理和学生事务管理空间两方面进行现状和满意度分析研究。整体环境从影响建筑使用的地理环境、室内居住环境、室外环境和安全环境四个方面进行研究。

第二，以需求理论为基础，结合学生宿舍使用者的主要活动，将高校学生宿舍的使用需求归纳为居住需求、学习需求、社交需求和工作需求四大方面，并从居住需求、学习需求和社交需求三个方面详细阐述了高校学生宿舍的主体——学生的使用需求。由于使用需求和建筑功能极易混淆，本书明确了两者的区别与联系，即使用需求来自使用者，建筑功能则是由专业人员为实现使用需求而进行的具体的建筑功能设计。

第三，基于采访调研成果，结合以人为本、需求工程、利益相关者等理论，对高校学生宿舍需求进行梳理总结，形成了使用需求信息指标表、建筑系统需求相关表格（含使用需求与宿舍建筑功能空间对照参考表、高校学生宿舍需求信息参考表、需求信息收集表）等实用工具，为同类工程项目建设提供有效参考。

第四，在以上研究的基础上，引入需求工程理论，结合工程建设的不同阶段工作内容和从管理者的角度提出了基于需求的高校学生宿舍建设对策：一是以需求为导向开展建设项目全寿命周期管理；二是做好需求的引导启发，使需求管理专业化；三是发挥项目策划引领作用，建立完善设计管控体系。

使用需求是项目建设活动的"灯塔"，规划和设计的根本目的是为了满足人们的使用需求。本书提出"需求应作为项目的基础贯穿项目的全寿命周期"的建设理念，认为项目建设应始于需求识别，终于需求满足和反馈，并提供相关的理论方法和参考工具。

6.2 展望

建筑的实质是空间，空间的本质是为人服务。本书以高校学生宿舍为主要研究对象，是高校类项目建设管理研究系列课题的"起点"，由于种种原因，本次课题调研的深度、广度都较为有限，且未能结合工程管理案例对前文提出的对策建议进行验证，是本书的不足之处。下一步，我们将在项目实际建设过程中，通过收集使用者的需求信息，参考使用需求信息指标构建符合项目实际情况的使用需求体系，进一步分析转化为建筑系统需求；我们将在建筑设计（方案设计或初步设计）完成后，构建使用需求预评价指标，结合约束条件，以确定调整修正的方向，进一步优化设计；我们将在项目交付使用后，再一次展开深度调研，验证校准提出的对策与建议，以便在未来打造出能够真正满足各方需求的杰出项目。

在今后的工作中，课题组将在此领域继续深耕广拓，进行更多的研究与思考，致力于普及以需求为导向的项目建设理念，争取建立起一套较成熟的以需求为导向的项目建设体系，完善设计管理机制，促进各类建设项目的需求管理迈向专业化之路。

附录 1

宿舍建筑设计规范(JGJ 36—2016)摘要

1　总则

1.0.1 为了在宿舍建筑设计中贯彻执行国家的技术经济政策,做到适用、经济、绿色、美观,保证质量,制定本规范。

1.0.2 本规范适用于新建、改建和扩建的宿舍建筑设计。

1.0.3 宿舍建筑设计应符合当地城乡规划要求,适应当地气候和地理条件,符合社会经济和文化发展水平。

1.0.4 宿舍建筑设计除应符合本规范的规定外,尚应符合国家现行有关标准的规定。

2　术语

2.0.1 宿舍(dormitory)

有集中管理且供单身人士使用的居住建筑。

2.0.2 居室(bedroom,habitable room)

供居住者睡眠、学习和休息的空间。

2.0.3 卫生间(lavatory,bathroom)

供居住者进行便溺、洗浴、盥洗等活动的空间。

2.0.4 公共厕所(public toilet)

用做便溺、洗手的公共空间。

2.0.5 公共盥洗室(public washroom)

供洗漱、洗衣等活动的公共空间。

2.0.6 公共活动室(空间)(activity room)

供居住者会客、娱乐、小型集会等活动的空间。

2.0.7 使用面积(usable area)

房间实际能使用的面积,不包括墙、柱等结构构造和保温层的面积。

2.0.8 阳台(balcony)

附设于建筑物外墙,设有栏杆或栏板,供居住者进行室外活动、晾晒衣物等的空间。

2.0.9 走廊(corridor)

建筑物的水平公共交通空间。

2.0.10 储藏空间(store space)

储藏物品用的固定空间(如:壁柜、吊柜、专用储藏室等)。

2.0.11 公共厨房(public kitchen)

供居住者共同使用的加工制作食品的炊事用房。

3　基地和总平面

3.1 基地

3.1.1 宿舍不应建在易发生严重地质灾害的地段。

3.1.2 宿舍基地宜有日照条件,且采光、通风良好。

3.1.3 宿舍基地宜选择较平坦,且不易积水的地段。

3.1.4 宿舍应避免噪声和污染源的影响,并应符合国家现行有关卫生防护标准的规定。

3.2 总平面

3.2.1 宿舍宜有良好的室外环境。

3.2.2 宿舍基地应进行场地设计,并应有完善的排渗措施。

3.2.3 宿舍宜接近工作和学习地点;宜靠近公共食堂、商业网点、公共浴室等配套服务设施,其服务半径不宜超过 250 m。

3.2.4 宿舍主要出入口前应设人员集散场地,集散场地人均面积指标不应小于 0.20 m²。宿舍附近宜有集中绿地。

3.2.5 集散场地、集中绿地宜同时作为应急避难场地,可设置备用的电源、水源、厕浴或排水等必要设施。

3.2.6 对人员、非机动车及机动车的流线设计应合理，避免过境机动车在宿舍区内穿行。

3.2.7 宿舍附近应有室外活动场地、自行车存放处，宿舍区内宜设机动车停车位，并可设置或预留电动汽车停车位和充电设施。

3.2.8 宿舍建筑的房屋间距应满足国家现行标准有关对防火、采光的要求，且应符合城市规划的相关要求。

3.2.9 宿舍区内公共交通空间、步行道及宿舍出入口，应设置无障碍设施，并符合现行国家标准《无障碍设计规范》(GB 50763)的相关规定。

3.2.10 宿舍区域应设置标识系统。

4 建筑设计

4.1 一般规定

4.1.1 宿舍可采用通廊式和单元式平面布置形式，内廊式宿舍水平交通流线不宜过长。

4.1.2 每栋宿舍应设置管理室、公共活动室和晾晒衣物空间。公共用房的设置应防止对居室产生干扰。

4.1.3 宿舍应满足自然采光、通风要求。宿舍半数及半数以上的居室应有良好朝向。

4.1.4 宿舍中的无障碍居室及无障碍设施设置要求应符合现行国家标准《无障碍设计规范》(GB 50763)的相关规定。

4.1.5 宿舍采用开敞通透式外廊及室外楼梯时，应采取挡雨设施和楼地面防滑措施。宿舍出入口及平台、公共走廊、电梯门厅、浴室、盥洗室、厕所等地面的防滑设计应符合现行行业标准《建筑地面工程防滑技术规程》(JGJ/T 331)的要求。

4.1.6 当设置供暖、空调设施时，其设备基础和搁板等建筑部件应与建筑一体化设计。

4.1.7 宿舍的公共出入口位于阳台、外廊及开敞楼梯平台的下部时，应采取防止物体坠落伤人的安全防护措施。

4.1.8 宿舍建筑设计应推广工业化建造技术，且符合现行国家标准《建筑模数协调标准》(GB/T 50002)的相关规定。

4.2 居室

4.2.1 宿舍居室按其使用要求分为五类,各类居室的人均使用面积不宜小于表4.2.1的规定。

表 4.2.1 居室类型及相关指标

类型		1 类	2 类	3 类	4 类	5 类
每室居住人数/人		1	2	3 ~ 4	6	≥8
人均使用面积 /(m²·人⁻¹)	单层床、高架床	16	8	6	—	—
	双层床	—	—	—	5	4
储藏空间		立柜、壁柜、吊柜、书架				

注:1)本表中面积不含居室内居室附设卫生间和阳台面积;

2)5 类宿舍以 8 人为宜,不宜超过 16 人;

3)残疾人居室面积宜适当放大,居住人数一般不宜超过 4 人,房间内应留有直径不小于 1.5 m 的轮椅回转空间。

4.2.2 居室床位布置应符合下列规定:

a)两个单床长边之间的距离不应小于 0.60 m,无障碍居室不应小于 0.80 m;

b)两床床头之间的距离不应小于 0.10 m;

c)两排床或床与墙之间的走道宽度不应小于 1.20 m,残疾人居室应留有轮椅回转空间;

d)采暖地区居室应合理布置供暖设施的位置。

4.2.3 居室应有储藏空间,每人净储藏空间宜为 0.50 ~ 0.80 m³;衣物的储藏空间净深不宜小于 0.55 m。设固定箱子架时,每格净空长度不宜小于 0.80 m,宽度不宜小于 0.60 m,高度不宜小于 0.45 m。书架的尺寸,其净深不应小于 0.25 m,每格净高不应小于 0.35 m。

4.2.4 贴邻公共盥洗室、公共厕所、卫生间等潮湿房间的居室、储藏室的墙面应在相邻墙体的迎水面作防潮处理。

4.2.5 居室不应布置在地下室。

4.2.6 中小学宿舍居室不应布置在半地下室,其他宿舍居室不宜布置在半地下室。

4.2.7 宿舍建筑的主要入口层应设置至少一间无障碍居室，并宜附设无障碍卫生间。

4.3 辅助用房

4.3.1 公共厕所应设前室或经公共盥洗室进入，前室或公共盥洗室的门不宜与居室门相对。公共厕所、公共盥洗室不应布置在居室的上方。除居室附设卫生间的居室外，公共厕所及公共盥洗室与最远居室的距离不应大于 25 m。

4.3.2 公共厕所、公共盥洗室卫生设备的数量应根据每层居住人数确定，设备数量不应少于表 4.3.2 的规定。

表 4.3.2　公共厕所、公共盥洗室内洁具数量

项目	设备种类	卫生设备数量
男厕	大便器	8 人以下设一个；超过 8 人时，每增加 15 人或不足 15 人增设一个
	小便器	每 15 人或不足 15 人设一个
	小便槽	每 15 人或不足 15 人设 0.7 m
	洗手盆	与盥洗室分设的厕所至少设一个
	污水池	公共厕所或公共盥洗室设一个
女厕	大便器	5 人以下设一个；超过 5 人时，每增加 6 人或不足 6 人增设一个
	洗手盆	与盥洗室分设的卫生间至少设一个
	污水池	公共卫生间或公共盥洗室设一个
盥洗室(男、女)	洗手盆或盥洗槽龙头	5 人以下设一个；超过 5 人时，每增加 10 人或不足 10 人增设一个

注：公共盥洗室不应男女合用。

4.3.3 楼层设有公共活动室和居室附设卫生间的宿舍建筑，宜在每层另设小型公共厕所，其中大便器、小便器及盥洗水龙头等卫生设备均不宜少于 2 个。

4.3.4 居室内的居室附设卫生间，其使用面积不应小于 2 m²。设有淋浴设备或 2 个坐(蹲)便器的居室附设卫生间，其使用面积不宜小于 3.5 m²。4 人以下设 1 个坐(蹲)便器，5 人~7 人宜设置 2 个坐(蹲)便器，8 人以上不宜居室附设卫生间。3 人以上居室内居室附设卫生间的厕位和淋浴宜设隔断。

4.3.5 夏热冬暖地区应在宿舍建筑内设淋浴设施,其他地区可根据条件设分散或集中的淋浴设施,每个浴位服务人数不应超过15人。

4.3.6 宿舍建筑内的主要出入口处宜设置居室附设卫生间的管理室,其使用面积不应小于10 m²。

4.3.7 宿舍建筑内宜在主要出入口处设置会客空间,其使用面积不宜小于12 m²;设有门禁系统的门厅,不宜小于15 m²。

4.3.8 宿舍建筑内的公共活动室(空间)宜每层设置,人均使用面积宜为0.30 m²,公共活动室(空间)的最小使用面积不宜小于30 m²。

4.3.9 宿舍建筑内设有公共厨房时,其使用面积不应小于6 m²。公共厨房应有天然采光、自然通风的外窗和排油烟设施。

4.3.10 宿舍建筑内每层宜设置开水设施或开水间。

4.3.11 宿舍建筑内宜设公共洗衣房,也可在公共盥洗室内设洗衣机位。

4.3.12 宿舍建筑应设置垃圾收集间,垃圾收集间宜设置在入口层或架空层。

4.3.13 宿舍建筑内每层宜设置清洁间。

4.3.14 宿舍建筑宜利用入口架空层或地下、半地下空间设置集中的非机动车停车处。

4.4 层高和净高

4.4.1 居室采用单层床时,层高不宜低于2.80 m,净高不应低于2.60 m;采用双层床或高架床时,层高不宜低于3.60 m,净高不应低于3.40 m。

4.4.2 辅助用房的净高不宜低于2.50 m。

4.5 楼梯、电梯

4.5.1 宿舍楼梯应符合下列规定:

a)楼梯踏步宽度不应小于0.27 m,踏步高度不应大于0.165 m;楼梯扶手高度自踏步前缘线量起不应小于0.90 m,楼梯水平段栏杆长度大于0.50 m时,其高度不应小于1.05 m;

b)开敞楼梯的起始踏步与楼层走道间应设有进深不小于1.20 m的缓冲区;

c)疏散楼梯不得采用螺旋楼梯和扇形踏步;

d)楼梯防护栏杆最薄弱处承受的最小水平推力不应小于1.50 kN/m。

4.5.2 中小学宿舍楼梯应符合现行国家标准《中小学校设计规范》GB 50099

的相关规定。

4.5.3 楼梯间宜有天然采光和自然通风。

4.5.4 六层及六层以上宿舍或居室最高入口层楼面距室外设计地面的高度大于15m时，宜设置电梯；高度大于18m时，应设置电梯，并宜有一部电梯供担架平入。

4.6 门窗和阳台

4.6.1 宿舍门窗的选用应符合国家现行相关标准的规定。

4.6.2 宿舍窗外没有阳台或平台，且窗台距楼面、地面的净高小于0.90 m时，应设置防护措施。

4.6.3 宿舍不宜采用玻璃幕墙，中小学校宿舍居室不应采用玻璃幕墙。

4.6.4 开向公共走道的窗扇，其底面距楼地面的高度不宜低于2 m。当低于2 m时窗扇开启不应妨碍交通，并避免视线干扰。

4.6.5 宿舍的底层外窗、以及其他各层中窗台下沿距下面屋顶平台或大挑檐等高差小于2 m的外窗，应采取安全防范措施。

4.6.6 居室应设吊挂窗帘的设施。卫生间、洗浴室和厕所的窗应有遮挡视线的措施。

4.6.7 居室和辅助房间的门净宽不应小于0.90 m，阳台门和居室内居室附设卫生间的门净宽不应小于0.80 m。门洞口高度不应低于2.10 m。居室居住人数超过4人时，居室门应带亮窗，设亮窗的门洞口高度不应低于2.40 m。

4.6.8 宿舍宜设阳台，阳台进深不宜小于1.20 m。各居室之间或居室与公共部分之间毗连的阳台应设分室隔板。

4.6.9 宿舍顶部阳台应设雨罩，高层和多层宿舍建筑的阳台、雨罩均应做有组织排水。宿舍阳台、雨罩应做防水。

4.6.10 多层及以下的宿舍开敞阳台栏杆净高不应低于1.05 m；高层宿舍阳台栏板栏杆净高不应低于1.10 m；学校宿舍阳台栏板栏杆净高不应低于1.20 m。

4.6.11 高层宿舍及严寒、寒冷地区宿舍的阳台宜采用实心栏板，并宜采用玻璃(窗)封闭阳台，其可开启面积之和宜大于内侧门窗可开启面积之和。

4.6.12 宿舍外窗及开敞式阳台外门、亮窗宜设纱窗纱门。

5 防火与安全疏散

5.1 防火

5.1.1 宿舍建筑的防火设计,除应符合现行国家标准《建筑设计防火规范》GB 50016 和《建筑内部装修设计防火规范》GB 50222 等有关公共建筑的规定外,尚应符合本章规定。

5.1.2 柴油发电机房、变配电室和锅炉房等不应布置在宿舍居室、疏散楼梯间及出入口门厅等部位的上一层、下一层或贴邻,并应采用防火墙与相邻区域进行分隔。

5.1.3 宿舍建筑内不应设置使用明火、易产生油烟的餐饮店。学校宿舍建筑内不应布置与宿舍功能无关的商业店铺。

5.1.4 宿舍内的公共厨房有明火加热装置时,应靠外墙设置,并应采用耐火极限不小于 2.0 h 的墙体和乙级防火门与其他部分分隔。

5.2 安全疏散

5.2.1 除与敞开式外廊直接相连的楼梯间外,宿舍建筑应采用封闭楼梯间。当建筑高度大于 32 m 时应采用防烟楼梯间。

5.2.2 宿舍建筑内的宿舍功能区与其他非宿舍功能部分合建时,安全出口和疏散楼梯宜各自独立设置,并应采用防火墙及耐火极限不小于 2.0 h 的楼板进行防火分隔。

5.2.3 宿舍建筑内疏散人员的数量应按设计最大床位数量及工作管理人员数量之和计算。

5.2.4 宿舍建筑内安全出口、疏散通道和疏散楼梯的宽度应符合下列规定:

a)每层安全出口、疏散楼梯的净宽应按通过人数每 100 人不小于 1.00 m 计算,当各层人数不等时,疏散楼梯的总宽度可分层计算,下层楼梯的总宽度应按本层及以上楼层疏散人数最多一层的人数计算,梯段净宽不应小于 1.20 m;

b)首层直通室外疏散门的净宽度应按各层疏散人数最多一层的人数计算,且净宽不应小于 1.40 m;

c)通廊式宿舍走道的净宽度,当单面布置居室时不应小于 1.60 m,当双面布置居室时不应小于 2.20 m;单元式宿舍公共走道净宽不应小于 1.40 m。

5.2.5 宿舍建筑的安全出口不应设置门槛,其净宽不应小于 1.40 m,出口处距门的 1.40 m 范围内不应设踏步。

5.2.6 宿舍建筑内应设置消防安全疏散示意图以及明显的安全疏散标识，且疏散走道应设置疏散照明和灯光疏散指示标志。

6 室内环境

6.1 自然通风和天然采光

6.1.1 宿舍内的居室、公共盥洗室、公共厕所、公共浴室、晾衣空间和公共活动室、公共厨房应有天然采光和自然通风，走廊宜有天然采光和自然通风。

6.1.2 宿舍居室、公共活动室、公共厨房侧面采光的采光系数标准值不应低于 2%；公共盥洗室、公共厕所、走道、楼梯间等侧面采光的采光系数标准值不应低于 1%。

6.1.3 采用自然通风的居室，其通风开口面积不应小于该居室地板面积的 1/20。当采用自然通风的居室外设置阳台时，阳台的自然通风开口面积不应小于采用自然通风的房间和阳台地板面积总和的 1/20。

6.1.4 严寒地区的居室应设置通风换气设施。

6.2 隔声降噪

6.2.1 宿舍居室内的允许噪声级(A 声级)，昼间应小于或等于 45 dB，夜间应小于或等于 37 dB。

6.2.2 居室不应与电梯、设备机房紧邻布置；居室与公共楼梯间、公共盥洗室、公共厕所、公共浴室等有噪声的房间紧邻布置时，应采取隔声减噪措施，其隔声性能评价量应符合下列规定：

a)分隔居室的分室墙和分室楼板，空气声隔声性能评价量(R_w+C)应大于 45 dB；

b)分隔居室和非居住用途空间的楼板，空气声隔声性能评价量(R_w+C_{tr})应大于 51 dB；

c)楼内居室门空气声隔声性能评价量(R_w+C_{tr})应大于等于 25 dB；

d)居室楼板的计权规范化撞击声压级宜小于 75 dB，当条件受限时，应小于或等于 85 dB。

6.2.3 居室的外墙、外门、外窗的隔声性能评价量应符合下列规定：

a)居室外墙空气声隔声性能评价量(R_w+C_{tr})应大于或等于 45 dB。

b)临交通干线的居室外门窗(包括未封闭阳台的门窗、开向敞开外廊居室的门)的空气声隔声性能评价量($R_w + C_{tr}$)应大于等于 30 dB；其他外门窗(包括未封闭阳台的门窗、开向敞开外廊居室的门、开向公共空间的居室的门)的空气声隔声性能评价量($R_w + C_{tr}$)应大于或等于 25 dB。

6.3 节能

6.3.1 宿舍应符合国家及地方现行有关居住建筑节能设计标准。

6.3.2 严寒和寒冷地区宿舍不应设置开敞的楼梯间和外廊；严寒地区宿舍入口应设门斗或采取其他防寒措施，寒冷地区宿舍入口宜设门斗或采取其他防寒措施。严寒和寒冷地区临封闭且非采暖外廊的居室门应采取保温措施。

6.3.3 建筑的外遮阳设计应符合下列规定：

a)寒冷地区(B 区)建筑的南向外窗(包括阳台门的透明部分)、东及西向外窗宜采取建筑外遮阳措施；

b)夏热冬冷地区建筑的南向、东、西向外窗应采取建筑外遮阳措施；

c)夏热冬暖地区建筑的东、西向外窗必须采取建筑外遮阳措施，南、北向外窗应采取建筑外遮阳措施。

6.4 室内空气质量

6.4.1 宿舍建筑的建筑材料和装修材料应控制有害物质的含量。

6.4.2 宿舍室内环境污染物浓度限量应符合表 6.4.2 的规定。

表 6.4.2 宿舍室内环境污染物浓度限量

污染物	浓度限值
氡	≤200 Bq/m³
甲醛	≤0.08 mg/m³
苯	≤0.09 mg/m³
氨	≤0.2 mg/m³
TVOC	≤0.5 mg/m³

7 建筑设备

7.1 给水排水

7.1.1 宿舍给水系统供水水质应符合现行国家标准《生活饮用水卫生标准》

GB 5749 的规定。

7.1.2 宿舍给水系统应满足给水配件最低工作压力要求，且最低配水点静水压力不宜大于 0.45 MPa，超过时宜进行竖向分区。设有集中热水系统时，最大分区压力可为 0.55 MPa。水压大于 0.35 MPa 的配水横管宜设置减压设施。

7.1.3 宿舍宜供应热水，宜采用全日集中热水供应系统或定时集中热水供应系统。当条件不允许时，宜设局部热水供应系统。

7.1.4 厕所、盥洗室等从地面排水的房间，应设置地漏。地漏应设置在易溅水的器具附近地面的最低处。洗衣机位置应设置洗衣机专用地漏或洗衣机排水存水弯。宿舍中的公共浴室宜采用排水沟排水。当公共浴室采用地漏排水时，宜采用带网框地漏。所选用的地漏水封深度不得小于 50 mm。

7.1.5 居室内居室附设卫生间的给水，应单独计量。设有集中热水供应的 3、4、5 类宿舍居室宜设卡式水表计量。

7.1.6 宿舍建筑均应按当地规定配套建设中水、雨水利用等设施，且所采用的卫生器具和给水配件应采用节水型、低噪声的产品。

7.1.7 宿舍建筑的室内消火栓系统、消防软管卷盘或轻便消防水龙、自动喷水灭火系统等消防设施应按照现行国家标准《建筑设计防火规范》GB 50016 的相关规定设计。其中一类高层建筑的宿舍和二类高层建筑的公共活动用房、走道应设置自动喷水灭火系统。

7.2 供暖通风与空气调节

7.2.1 严寒、寒冷地区的宿舍建筑应设置供暖设施，宜采用集中供暖，并按连续供暖设计，且应有热计量和室温调控装置；当采用集中供暖有困难时，可采用分散式供暖。

7.2.2 宿舍建筑应采用热水作为热媒，并宜采用散热器供暖，散热器宜明装。当采用散热器供暖有困难时，也可采用其他的供暖方式。

7.2.3 设置集中供暖的通廊式宿舍的走廊和楼梯间宜设供暖设施。

7.2.4 以煤、油、气等为热源，采用分散式供暖的宿舍应设烟囱，上下层或毗邻居室不得共用单孔烟道。

7.2.5 公共浴室、公共厨房、公共厕所及卫生间无外窗或仅有单一朝向外窗以及严寒地区应安装机械进、排气设备，并应设置有防倒灌的排气设施，换气次数不小于 10 次/h。

7.2.6 寒冷(B 区)、夏热冬冷和夏热冬暖地区的宿舍建筑，应设置空调设备或预留安装空调设备的条件,其他地区宜设置空调设备或预留安装空调设备的条件。

7.2.7 空调室外机安装位置应散热良好,有足够的通风空间,并采用合理的通风百叶,冷凝水应有组织排放。

7.2.8 居室顶棚安装可变风向的吸顶式电风扇时应有防护网。

7.3 电气

7.3.1 宿舍每居室用电负荷标准应按使用要求确定,并不宜小于1.5 kW。

7.3.2 宿舍公共部分和供中小学使用的宿舍居室用电应集中计量;其余宿舍居室用电宜按居室单独计量。电表箱宜设置在居室外,并宜采用智能电表。

7.3.3 宿舍配电系统的设计,应符合下列规定:

a)宿舍电气系统应采取安全的接地方式,并进行总等电位联结;

b)电源插座应与照明分路设计;除壁挂式空调电源插座外,其余电源插座回路应设置剩余电流保护装置;

c)有洗浴设施的卫生间应做局部等电位联结;

d)分室计量的居室应设置电源断路器,并应采用可同时断开相线和中性线的开关电器。

7.3.4 供中小学使用的宿舍,必须采用安全型电源插座。

7.3.5 宿舍每居室电源插座的数量宜按床位数配置,且不应少于2组,每组为一个单相两孔和一个单相三孔电源插座。电源插座不宜集中在一面墙上设置。如设置空调器、洗浴用电热水器、机械换排气装置等,应另设专用电源插座。

7.3.6 宿舍建筑的照明,应采用节能灯具。

7.3.7 宿舍应设置电话系统,供中小学使用的宿舍,每层宜设公共电话。居室内电话插座的设置应按使用要求确定。

7.3.8 宿舍应设置有线电视系统,公共活动室应设电视插座。居室内电视插座的设置应按使用要求确定。

7.3.9 宿舍宜设置信息网络系统。每居室宜设信息插座,或采用无线接入方式。

7.3.10 宿舍建筑宜设置出入口控制系统。

本规范用词说明:

1.为了便于在执行本规范条文时区别对待,对要求严格程度不同的用词说明如下：

a) 表示很严格，非这样做不可的：正面词采用"必须"，反面词采用"严禁"。

b) 表示严格，在正常情况下均应这样做的：正面词采用"应"；反面词采用"不应"或"不得"。

c) 表示允许稍有选择，在条件许可时首先这样做的：正面词采用"宜"，反面词采用"不宜"。

d) 表示有选择，在一定条件下可以这样做的，采用"可"。

2. 条文中指明应按其他有关标准执行的写法为："应符合……的规定"或"应按……执行"。

附录2

学生后勤服务与管理人员的访谈问卷

学校名称：＿＿＿＿＿＿＿＿＿　填写人：＿＿＿＿＿　时间：＿＿＿＿＿

建筑基本情况：＿＿＿＿层；层高＿＿＿＿m；每层＿＿＿＿间；每间＿＿＿＿人

1. 在你进行宿舍管理的过程中，存在哪些问题是亟须得到改善的？

例如：现有的门禁系统是否方便？水电计费方式如何，是否有改善的需求？

□出入管理　□用电管控　□用水管控　□自行车停车　□汽车停车
□电动车停车

具体情况：＿＿＿＿＿＿＿＿＿＿＿＿＿＿＿＿＿＿＿＿＿＿＿＿＿

2. 宿舍楼里，你觉得有哪些问题或不便捷是亟须改善的？

□电梯　　　　□电梯厅　　　□垃圾处理　　□公共区域照明开关
□卫生间　　　□阳台　　　　□宿舍间

具体情况：＿＿＿＿＿＿＿＿＿＿＿＿＿＿＿＿＿＿＿＿＿＿＿＿＿

3. 有哪些设备设施总是反复修理的，您认为是否可以避免？

□公共洗衣机　　□公共烘干机　　□下水管(堵塞)　□地漏(堵塞)

具体情况：＿＿＿＿＿＿＿＿＿＿＿＿＿＿＿＿＿＿＿＿＿＿＿＿＿

4. 在建设安全、干净、整洁的宿舍环境过程中，学生最常见的问题是什么？

□阳台衣服乱挂　　□插排满地飞　　□使用电饭锅、热得快大功率电器

具体情况：＿＿＿＿＿＿＿＿＿＿＿＿＿＿＿＿＿＿＿＿＿＿＿＿＿

建议的解决措施：＿＿＿＿＿＿＿＿＿＿＿＿＿＿＿＿＿＿＿＿＿＿

5. 晚上断电　□是　□否　　　通宵自习室　□有　□无
具体的考虑_____

6. 以下设施，哪些是您觉得在宿舍中有必要配置？
□固定电吹风　□风扇　　□空调　□洗衣机　□镜子
补充：_____

7. 因为设计原因，可能导致的安全隐患有哪些？您认为可以怎么避免？
□阳台区域　　□卫生间　　□起居室　　□其他
具体情况：_____

8. 学生抱怨最多的问题是什么？您有什么建议吗？

_____

9. 现在这栋楼中还缺什么？会引起您的工作和学生使用的不便？

_____

10. 关于(学生宿舍)的建设，你们最关注的问题是什么？

_____

11. 以您对其他学校的了解，有哪些方面是可以借鉴的？

_____

附录3

基建处和学生事务管理老师的访谈问卷

学校名称：_____　填写人：_____　时间：_____

1.关于(学生宿舍)的建设，你们最关注的问题是什么？

具体回答_____

提示：面积指标、功能、出入管理、垃圾站设置、床铺的形式等。

2.前期需求提出和建设过程中有哪些功能是反反复复无法确定的？为什么？

_____

提示：垃圾收集、洗衣房等。

3.有哪些需求是在设计后期或施工中提出的？

_____

提示：加镜子、增加电风扇。

4.宿舍楼建成后有哪些问题？哪些问题是可以通过需求研究、精细化设计和管理避免的？

_____

提示：渗漏、布局不合理、功能缺失、学生投诉最多的问题等。

5.有哪些设备设施总是要反复修理的？

_____

6.是否关注宿舍楼的外立面风格？

_____

7. 以您对其他学校的了解，有哪些方面是可以借鉴的？

_____

8. 为了有效地提出建设需求，您需要设计院、咨询单位提供什么支持？

_____

9. 其他建议

_____

_____

_____

附录4

信息收集参考表

表1　某学生宿舍综合楼前期需求信息收集样表

名称	位置	规划建筑面积/m²	备注
（名称）宿舍楼	（地块名称）	（按批复面积填写）	数量：宿舍楼使用人数和设置标准或多少间宿舍 平面布局要求：单元式、通廊式布局 高度控制：考虑城市规划、航线、气象等控制要求
（名称）宿舍楼	（地块名称）	（按批复面积填写）	特殊要求：例如每栋设置架空休闲空间、设置食堂及配套的综合服务设施等
（名称）宿舍楼	（地块名称）	（按批复面积填写）	外立面风格偏好：提供控制要求或参考图片 ……

续表1

功能房间	数量	面积/m²	层高	特殊需求及可能影响设计的因素或备注
一、居住基本单元				
(4人间)宿舍	根据人数确定	20	净高≥3.4 m	☑附设卫生间 □公共卫生间 ☑阳台 ☑上床下桌 □其他 特殊需求:居室充分利用三维空间涉及储藏空间、设阅读夜灯和导轨床帘;卫生间便器采用马桶、设固定式吹风机;阳台预留洗衣机放置条件、设洗手台和穿衣镜、设安全防护软网
(2人间)宿舍	根据人数确定	15~20	—	☑附设卫生间 □公共卫生间 ☑阳台 ☑单层床、书桌、衣柜 □其他
共享空间	—	人均面积	—	□每居室考虑共享空间 □每套间考虑共享空间 ☑无
无障碍宿舍	—	—	—	按规范要求设置
公共卫生间	每层1个	—	—	注意功能分区分隔,蹲便器与坐便器的比例
公共厨房和餐厅兼休闲空间	每层1个	—	—	—
二、公共服务功能				
电梯	根据计算确定	—	—	电梯数量根据规范和使用情况测算确定,采用智能控制并考虑高峰期使用
楼梯				—

续表 1

功能房间	数量	面积/m²	层高	特殊需求及可能影响设计的因素或备注
开水房或(设施)	每层 2 个	—	—	—
清洁间	每层 1 个	—	—	—
门厅	根据出入口设计	—	—	闸机智能门禁系统(刷卡+人脸识别) 自动售卖机等设备设施 电子公告显示屏或电视
值班室		20~30	—	每栋 1 个,含监控+值班台
访客接待室	每栋 1 个	50	—	每栋 1~2 个
公共洗衣房	每栋 1 个	50	—	位于底层或屋顶,建议附近设置休闲等候空间
垃圾收集间	每栋 1 个	—	—	与管理模式结合,建议按栋设置
公共活动室	每栋 2~3 个	50~100	—	每层 1~2 个或每栋 N 个(含社团活动室和会议室)
多媒体活动室	1~2 个	100~200	—	—
公共休闲用房	按栋或宿舍区设计	100	—	健身房、台球室、乒乓球室、冥想室、瑜伽室、电视房、游戏房、水吧、空中花园(个数和位置要求)
公共学习用房	按栋或宿舍区设计	100	—	自习室、阅览室、研讨室、迷你阶梯教室、舞蹈房、音乐室、琴房、书法室、画室、展览室、手工艺室、艺术工作室、创客空间、会议室(个数和位置要求)
架空层	—	—	—	架空休闲、停车、活动等
导师值班宿舍	每层 1 个	12	—	附设卫生间、设接待厅
设备用房	—	—	—	—

续表1

功能房间	数量	面积/m²	层高	特殊需求及可能影响设计的因素或备注
……	……	……	……	……
三、整体规划配套				
导师用房	—	—	—	办公室、会议室、储藏室
后勤附属用房	—	—	—	物管办公室、工程部办公室、会议室、物料储物室、工具储藏室、更衣室、茶水间(休息、就餐)、保洁工具间
医务室	—	—	—	—
超市	1~2个	50~150	—	—
打印室	1~2个	30~100	—	—
快递收发室	1~2个	30	—	快递柜放置区域
公共厕所	若干个	30	—	—
垃圾站	1个	—	—	—
金融银行及设施	1个	—	—	—
邮局	1个	—	—	—
连廊	1个	—	—	设风雨连廊

汽车停车:地上停车场+地下停车库,按照校园整体规划统一确定停车数量和位置

自行车停车区域要求:(参考其他规范或使用情况确定自行车停车指标,如4人/辆,每辆1.5 m²)

卸货区应与车道衔接

考虑亮化工程

注:1.本表为样表,用于前期需求的信息收集。表中内容仅供各单位参考。实际使用中,应结合项目实际情况,调整表格形式以便有针对性的收集项目所需信息。

2.建议由专业人员引导使用单位明确使用需求信息,并转化为功能需求。

表2 某学生宿舍综合楼设备专业需求信息收集样表

类型	分部工程	分项及功能	配置需求(具体描述参考)
居住基本单元	强电	计量方式	宿舍用电计量分宿舍房间用电计量和宿舍公共区域(客厅、卫浴间)计量,各区域均独立计量,要求电表具有远程负控预付费功能,且具备远程自动抄表功能
		照明配置需求	LED光源
		插座配置	按人数配置,各区域插座的配置由设计根据功能需要综合考虑
		宿舍套间内的公共照明	☑就地控制(灯具自带感应控制) ☑远程控制
	弱电	网络配置	宿舍网络配置要求房间内每个床位配置一个信息点,宿舍内设计无线AP,公共客厅设计无线AP,在公共客厅需考虑数字电视的信息点
	给排水	卫生间洁具	卫生间坐便器、蹲便器的配置各占50%,蹲便器冲水方式需考虑保证水压 卫生间考虑采用手动水龙头,宿舍公共休息平台区域预留洗衣机放置空间
		冷水相关	宿舍用冷水按户计量,水表安装在管井,要求水表采用光电远传水表,具有远程预付费功能 卫生间冷水管设计,需考虑淋浴用冷水应独立于卫生间其他用水,单独设置,避免淋浴使用过程中忽冷忽热的现象
		热水相关	热水表采用水控一体机,流量计费,与校园卡通用,有远传功能
		排水相关	地漏
	暖通	空调	每间宿舍房间配分体空调,公共客厅配柜式分体空调,空调负荷计算由设计根据相关规范综合计算考虑
	其他	智能门锁	宿舍门(房间门、入户门)要求均采用智能在线式门锁,具备密码、钥匙、刷卡、指纹、人脸识别及手机APP开锁功能
		设备设施配置标准	宿舍建筑内宜在每层设置开水设施,可设置单独的开水间,也可在盥洗室内设置电热开水器,开水器宜设置时间控制

续表2

类型	分部工程	分项及功能	配置需求(具体描述参考)
宿舍楼栋	强电	用电计量	宿舍楼公共区域用电,应按不同功能要求进行总用电量计量,电表具有自动抄表功能
		走道照明	宿舍楼公共走道照明需考虑智能照明控制系统,便于夜间照明统一管理需要,夜间应考虑安全照明
		公共设备房用电配置要求	宿舍每层走廊端部可设置小型交流空间
	弱电	手机信号	三大运营商信号全覆盖
	其他	电梯	电梯设计在满足单体建筑电梯设计标准的同时,应考虑学生上下课集中使用电梯的特殊性,适当增设电梯设施,以满足学生高峰期人流疏散需求
		门禁系统	宿舍大堂入户门禁系统应具备人脸识别功能,地下室、裙楼、屋面等涉及大楼与外部有连接的出入口部位均需设置门禁系统 所有设备房考虑安装门禁系统
		视频监控	公共区域实现监控全覆盖,外围监控夜间全彩
		防雷接地	按规范涉及
地下室	强电	充电桩	地下室需考虑配置充电桩,充电桩的配置数量与设计需满足《深圳市城市规划标准与准则》《深圳市城市规划标准与准则》和《电动汽车充电系统技术规范》等相关规范与标准的要求
		照明	车道 ☑LED 光源 □T5/T8 光源 ☑线槽 □吊杆或吸顶灯 ☑智能照明控制 □配电箱手动控制 车位 ☑LED 光源 □T5/T8 光源 □线槽灯 ☑吊杆或吸顶灯 □智能照明控制 □配电箱手动控制 ☑灯具自带感应控制 ☑智能引导灯光控制系统 应急照明:按规范设置

续表2

其他智能化要求：如布线系统、信息网络系统、有线电视系统、校园广播系统、信息引导与发布系统、电梯五方对讲系统(预留管槽)、安全管理系统、视频安防监控系统、门禁控制系统(含访客管理系统)、电子巡查系统、地下室停车管理系统、建筑设备管理系统、能源管理与远程抄表系统(含卡控抄表系统)、校园卡应用系统、求助报警对讲系统、机房与环境工程

注：1. 该表在前期需求信息收集的基础上，进一步明确可能对设计产生影响的设备设施信息。

2. 专业人员结合实践经验，引导使用单位逐步明确需求信息。

3. 本表为格式参考样表，空白处填写需求信息。使用时应根据项目实际情况和需要调整信息收集表。

表3　某学生宿舍综合楼室内设计需求信息收集样表

功能房间		装饰装修				
		地面	墙柱面	顶棚	其他装修要求(材质、颜色、特殊设备设施、智能化需求等)	参考图片
一、居室						
(4人间)宿舍	居室					
	卫浴间					
	阳台					
(2人间)宿舍						
无障碍宿舍						
……						
二、公共服务功能						
公共活动室						
……						
三、整体规划配套						
导师用房						
……						

注：1. 该表在建筑方案基本确认的基础上，进一步明确室内设计信息。

2. 专业人员结合实践经验，引导使用单位逐步明确需求信息。

3. 本表为格式参考样表，空白处填写需求信息。使用时应根据项目实际情况和需要调整信息收集表。

表 4　某学生宿舍综合楼(细节)信息收集参考表

居室	
居室要素 □平面布局、空间尺度 □居室与卫生间、晾晒区、公共区域等的关系 □空间尺度(大小、层高)与家具设施的关系 □家具组织 □家具与开关插座、设备的关系 　如与电扇、空调、日光灯、上层床铺的关系 □居室整体环境(采光通风、隔音、安全环境、装修、家具、景观等) □人在居室内的其他活动要求	储藏空间 □衣物储藏 □书籍储藏 □行李箱储藏 □鞋子储藏 □大件物品如被子、凉席、行李箱等储藏 □小件物品储藏如书籍、护肤品、文件等
空调搁板 □位于窗的下方 □位于阳台侧面 □位于卫生间上部 注：雨水、冷凝水排水及管道的影响 　　空调的安装、检修的工作面 　　美化外观，如百叶的整体设计	空调配置 □挂式分体空调 □柜式分体空调 □多联机中央空调 □其他 注：设备基础或空调搁板配套设计
宿舍门锁 □入户门、房间门 □门锁类型 　钥匙锁、智能化多功能门锁 □门锁智能化 　密码、钥匙、刷卡、指纹、人脸识别、手机APP 开锁功能 　远程控制 　实时监控	门的固定 □挡板 □门吸 　露明式、隐形式

续表 4

居室	
隔音 □隔音构造措施(可结合保温隔热) □隔音和吸音装修材料 □中空玻璃隔音 □隔音门 □密封措施	

卫生间	
配置要求 □每个宿舍单元附设卫生间 □单元式宿舍公共卫生间 □按层配置公共卫生间 □楼栋配置公共卫生间	分隔分区要求 □浴、厕、盥洗分区 □浴、厕、盥洗分隔 □浴厕合用、盥洗分区
采光通风要求 □机械排风系统 □高窗 □直接对外采光通风 □排气扇	便器要求 □坐便器与蹲便器的配置比例 □水箱冲水 □延时冲洗阀 　脚踏、手动 □红外感应冲水 □智能化马桶
水龙头的要求 □宿舍间 　手动、自动 □公共卫生间 　手动、自动	地漏的要求 □地漏(盖板可开启或不可开启) □二级沉淀(隐形排水沟+隐形地漏) □其他

续表 4

阳台和公共晾晒平台	
阳台的形式 □半开放阳台 □封闭阳台	阳台的设备设施 □足够的晾衣竿 □灯具、插座(含安全插座) □地漏 □洗衣机上下水口 □其他
阳台的位置 □50%向阳 □100%向阳	阳台的安全防护 □防物品坠落措施 □隐形防护网 □低层防盗措施

电梯	
配置要求 □满足电梯设计标准 □根据每层人数和高峰期使用情况确定	其他要求 □与楼梯合用疏散大厅(减少出入口) □电梯厅考虑集散空间
电梯门禁要求 □无门禁 □本校学生授权刷卡上下 □按栋授权刷卡上下 □按楼层授权刷卡上下	智能控制要求 □联动控制(是否含消防梯) □高、中、低区分区控制 □分层区域控制 □按所去楼层智能分配电梯

用电	
宿舍单元用电计量 □分区计量 　宿舍间、共享客厅、卫浴间 □电表的智能化 　预付费 　远程自动抄表和缴费 □监控 　动态监控用电情况	宿舍单元照明 □照度(按规范) □就地控制、远程控制灯具 □特殊灯具类型要求 　卫生间用防雾灯具 　阅读照明灯具

续表 4

用电	
宿舍单元插座	宿舍单元其他用电要求：
□上床下桌类型/每床位 　书桌两个五孔插座(注意孔间距) 　床上一个五孔插座 □空调安全插座 □卫生间安全插座 　电吹风、卷发棒等 □其他用电设施插座，如饮水机 □其他：如储物柜间插座 □插座控制 　远程控制	□开关 　双联多控开关 □固定设备 　设计安装电风扇 　预留电风扇条件(电路、吊钩) 　固定电吹风机 □床上阅读灯 □饮水机、洗衣机等条件预留 □智能化整体家居环境 　如手机控制灯具、空调等开关
公共区域用电设计和计量	
□回路设计 　分功能区域多回路设计 □计量 　分区域总用电量计量 □电表 　远程抄表 □分区域合理布置插座 □用电控制 　灯具和插座均可远程控制	公共走道照明 □照度(按规范并考虑时段) □灯具控制 　就地控制、远程控制 □照明的智能化 　光控、声控、红外感应、触控 □特殊要求 　考虑夜间正常照明和应急照明
设备用房 □门禁 □UPS 电源	

续表 4

用水	
宿舍单元的冷水	宿舍单元的热水
□冷水	□热水
不计量	不计量
按户计量	按户计量
□冷水管	□热水的供应方式
淋浴冷水管道与其他冷水管道分开	热源泵、太阳能、空气源
□水表位置	□热水控制
安装在管井、公共卫生间、阳台	水控一体机
□水表的智能化	□热水的智能化
预付费	校园卡充值
光电远传水表	按流量计费、按时间计费

弱电信号	
网络配置	
□有线网络信息点	
每个床位配置、学习活动区域 1 个	手机信号
□无线 AP	□楼栋放置信号接收和放大器
每间宿舍、活动区域	
□数字电视信号点	

其他	
充电桩和充电区域	防雷接地
□首层附近考虑电动车充电桩	□整栋楼的防雷接地
□地下室考虑电动汽车充电桩	□特殊设备设施的防雷接地

其他智能化系统

宿舍区主要包括：弱电综合布线系统、建筑设备自动控制系统、安全防范系统、消防报警系统、智能门禁系统、智能照明系统、能耗管理(校园卡一卡通、广播)

续表 4

其他	
生活区门禁整体设计 □设置的位置 　宿舍出入口，与地下室、裙楼、屋面链接的出入口均需设置单向门禁系统 □门禁功能 　刷卡、人脸识别、流量考勤监控 □宿舍出入口管控位置 　大门、闸机 注：单向门禁的安装方向	其他门禁特殊要求 □设备用房 门禁系统 □车库 出入门禁 □消防门 可设置门禁，但消防状态能自动打开
汽车(库)相关 □车库出入口智能管控 　车牌识别和开关、远程呼叫和控制 □智能停车 　停车状态、缴费 □测速装置 　识别车牌和自动报警 □照明 　感光、红外感应、声控、分时段调整回路照明	视频监控 □公共区域覆盖无死角 □美观 　绿化遮挡 □其他特殊要求 　高空状态监控 　屋顶区域监控
装饰装修	
墙面 □装修位置 　居室、卫生间、阳台、公共厨房、走廊、楼梯、电梯间等公共区域 □装修品类 　瓷砖、涂料、墙纸、木质板、其他 □要求 　隔音、防水防潮、防脱落、防腐、易清洁、耐脏、耐磨	地面 □装修位置 　居室、卫生间、阳台、公共厨房、走廊、楼梯、电梯间等公共区域 □装修品类 　瓷砖、涂料、木质板、马赛克、环氧地坪、地毯等 □要求 　防水防潮、防滑、防腐、易清洁、耐脏、耐磨

续表 4

装饰装修	
顶棚或吊顶 □装修位置 　居室、卫生间、阳台、公共厨房、走廊、楼梯、电梯间等公共区域 □装修品类 　白胶、涂料、吊顶(木、铝塑板、铝合金)等 □其他要求 　隔音、防水防潮、防脱落、防腐、易清洁、耐脏	其他装修要求描述
基本家具配置 □床 　单床、双层床、上床下桌 □桌 　书桌、上床下桌 □柜 　衣柜、书柜、鞋柜、行李箱、其他物品收纳柜	特殊家具及设施配置 □窗帘 　布、百叶、卷帘 □置物架 　浴室、洗漱区、厕位物品放置、吹风机架、毛巾架、各区域挂钩 □导轨床帘 □书写板 □穿衣镜

注：1.利用该表在设计开始前进行意向信息收集。

2.专业人员结合实践经验，引导使用单位逐步明确需求信息。

3.使用时应根据项目实际情况和需要调整信息收集表。

参考文献

［1］建筑大辞典编辑委员会.建筑大词典［M］.地震出版社,1992.

［2］中国社会科学院语言研究所词典编辑室编.现代汉语词典［M］.第 7 版.北京：商务印书馆, 2016.

［3］叶文虎, 栾胜基编著.环境质量评价学［M］.北京：高等教育出版社, 1994 年 4 月.

［4］马俊峰.评价活动论［M］.北京：中国人民大学出版社, 1994 年 5 月.

［5］Preiser, Wolfgang F E. Post-occupancy evaluation：how to make buildings work better［J］. Facilities, 1995.

［6］Wolfgang. F. E. Periser, et al. Post-Occupancy Evaluation. Van Nostarnd Reinhold ComPany. 1989.

［7］吴硕贤.建筑学的重要研究方向——使用后评价［J］.南方建筑, 2009(01)：4-7.

［8］〔美〕Taylor Peplau Sears. 社会心理学［M］.谢晓非等译.第 10 版.北京：北京大学出版社, 2004.

［9］胡惠琴.住居学的研究视角——日本住居学先驱性研究成果和方法解析［J］.建筑学报, 2008(4)：5-9.

［10］(美)戴维·霍瑟萨尔.心理学史［M］.郭本禹等译.第 4 版.北京：人民邮电出版社, 2011-05-01：507-508.

［11］(美)约翰·华生.行为心理学［M］.刘霞译.北京：现代出版社, 2016-11：10.

［12］《建筑设计资料集》编委会编.《建筑设计资料集 第 2 分册》［J］.第 3 版.北京：中国建筑工业出版社, 2017 年 7 月.

［13］图片源于 https://www.szpt.edu.cn/xxgk/xxjj.htm

［14］汤朔宁.大学校园生活支撑体系规划设计研究［D］.上海：同济大学，2008.

［15］刘光宇.高校学生宿舍学生事务管理空间研究［D］.南昌：南昌大学，2013.

［16］刘洋.现代高校学生公寓设计研究［D］.长沙：湖南大学，2011.

［17］庄惟敏，张维，梁思思.建筑策划与后评估［M］.北京：中国建筑工业出版社，2018.

［18］姜振寰.交叉科学学科辞典［M］.北京：人民出版社，1990.

［19］高冀生.我国高校学生宿舍设计探析［J］.南方建筑，1991（2）：5.

［20］王丽娜.我国高校校园学生生活区规划与生活建筑设计研究［D］.北京：清华大学，2004.

［21］曲力明.用使用后评估方法对高校学生宿舍的研究［D］.成都：西南交通大学，2004.

［22］吴娱.高校学生宿舍功能配置设计研究［D］.重庆：重庆大学，2016.

［23］罗莹英.基于大学生心理行为特点的高校学生宿舍设计研究［D］.广州：华南理工大学，2013.

［24］建标191—2018.普通高等学校建筑面积指标［S］.

［25］曹少波.港澳高校书院建筑模式研究［D］.广州：华南理工大学，2014.

［26］梁海岫.协同发展观念下的广东高等职业技术学院校园规划设计研究［D］.广州：华南理工大学，2009.

［27］马明.普通高等学校交往空间设计研究［D］.西安：西安建筑科技大学，2005.

［28］金炳华.马克思主义哲学大辞典［M］.上海：上海辞书出版社，2003.

［29］Jeremy Dick, Elizabeth Hull，Ken Jackson.需求工程［M］.李浩敏，郭博智等译.上海：上海交通大学出版社，2019.

［30］陈树平.公共建筑使用后评价模型构建与应用研究［D］.天津：天津理工大学，2011.31.

［31］UIA Professional Practice Program Joint Secretariat. Recommended Guidelines for the Accord on the Scope of Practice［EBIOL］. https：//www. aia. org/SiteObjects/files/Scope% 20o（% 20Practice. pdf，2014-OS-26.

［32］发展改革委，住房城乡建设部.《关于推进全过程工程咨询服务发展的指导意见》［EB/OL］.2019 年 3 月. http：//www. gov. cn/gongbao/content/2019/content_5407671. htm

图书在版编目（CIP）数据

需求导向的高校类项目建设研究：以高校学生宿舍
为例／柴恩海等主编．—长沙：中南大学出版社，
2020.11

ISBN 978-7-5487-4251-7

Ⅰ.①需… Ⅱ.①柴… Ⅲ.①高等学校－集体宿舍－
建筑设计－研究 Ⅳ.①TU241.3

中国版本图书馆 CIP 数据核字（2020）第 212761 号

需求导向的高校类项目建设研究——以高校学生宿舍为例

主编 柴恩海 唐建伟 涂国平 刘启友

□责任编辑	刘颖维	
□责任印制	易红卫	
□出版发行	中南大学出版社	
	社址：长沙市麓山南路	邮编：410083
	发行科电话：0731-88876770	传真：0731-88710482
□印　　装	湖南鑫成印刷有限公司	

□开　　本	710 mm×1000 mm 1/16	□印张 14.75	□字数 297 千字
□版　　次	2020 年 11 月第 1 版	□2020 年 11 月第 1 次印刷
□书　　号	ISBN 978-7-5487-4251-7	
□定　　价	228.00 元